JN300221

知っておいしい

肉事典

実業之日本社・編

はじめに

より深く知り、より深く味わうために――――。

今や日本の食卓に欠かせない肉料理。
良質なたんぱく質である食肉を日常的に食べるようになった戦後
日本人の平均寿命は大きく伸びました。
現在の日本は、世界中の肉料理を楽しむことができる
世界でも稀な恵まれた国といってもいいでしょう。

一方、BSE問題や食中毒事件など
食肉を巡るトラブルが起こってしまうのも現実。
「食の安心・安全」について
消費者が正しい知識をもつのは大切なことです。

本書では
日本で愛されている牛肉、豚肉、鶏肉を中心に133種類、
バラ肉やロースなどおなじみの部位から
はじめて目にするホルモン系まで。

それぞれの部位ごとに、特徴や下処理の方法
おすすめレシピを紹介しています。

肉のパワーは元気の源です。
喉の奥がなるような、肉の世界を覗いてください！

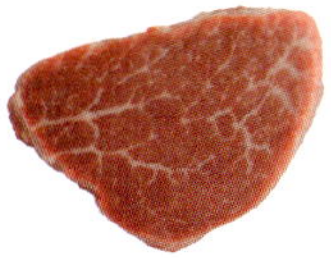

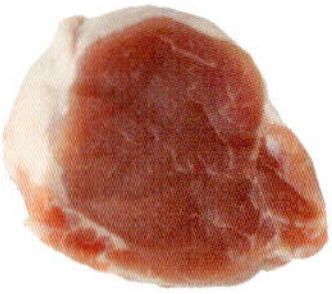
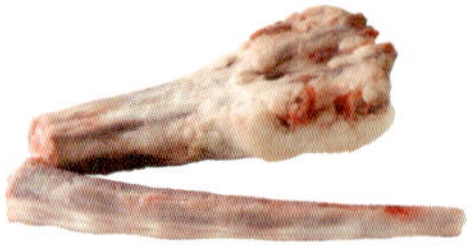

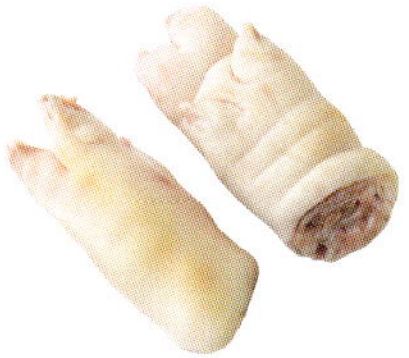
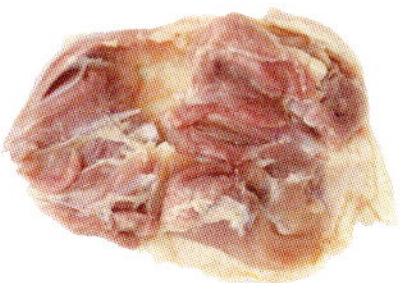

第4章

そのほかの食肉

羊肉

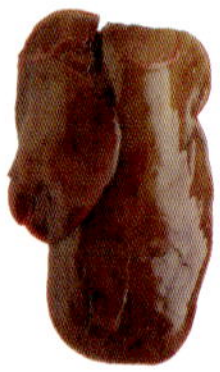

鴨肉

COLUMN

本書の使い方

本書では、牛肉・豚肉・鶏肉を中心に、
133 種類の食肉、加工品を紹介しています。

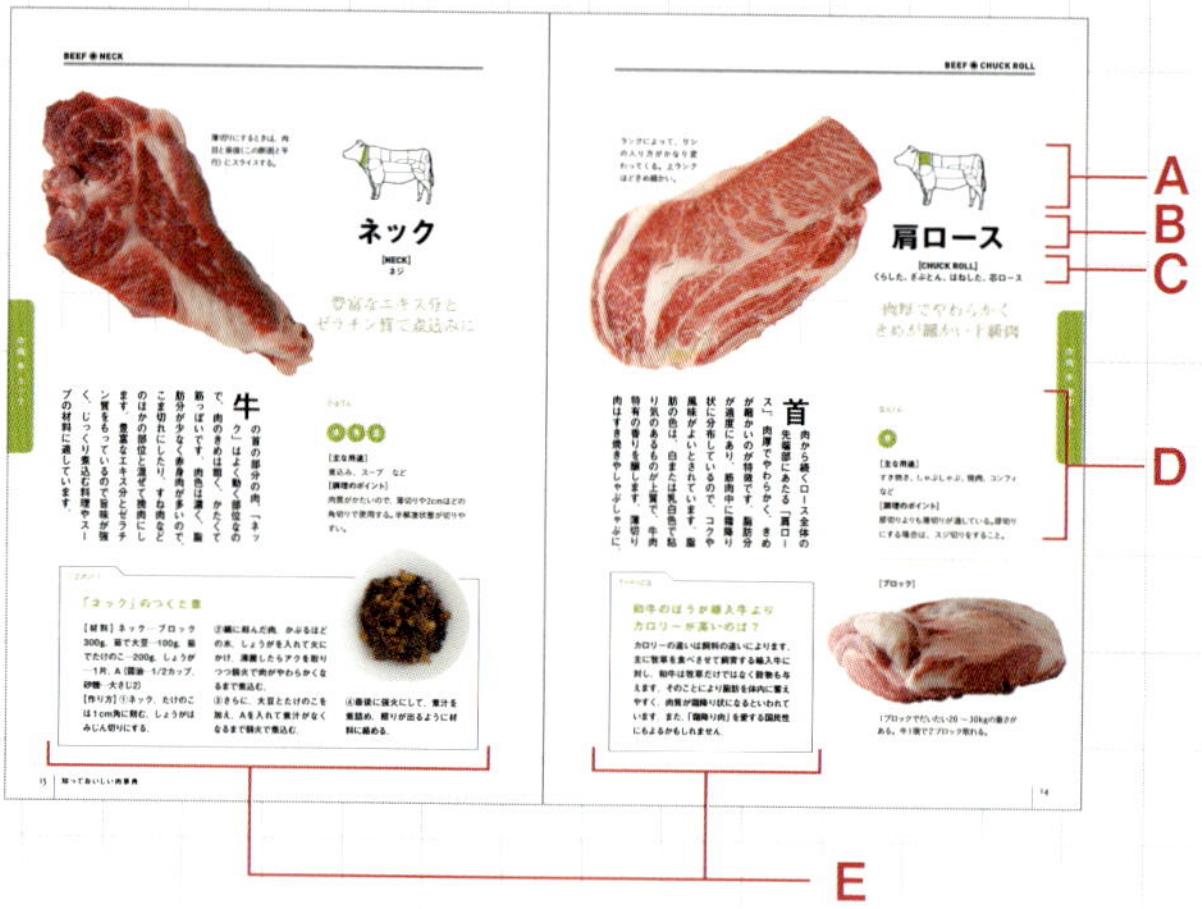

A 部位図
それぞれの肉の部位をイラストで示しています。部位を知る目安に便利です。

B 部位名
農林水産省が定めた「食肉小売品質基準」を参考に、一般的にわかりやすい名称にしています。

C 英語表記と別称
英語表記は、様々な文献を参考に、別称には、焼肉店や焼き鳥店での呼び方も加えました。

D DATA
おすすめの「調理方法」をマークで表しています。

煮 煮　る　蒸 蒸　す　焼 焼く、炒める
揚 揚げる　挽 挽　肉　湯 スープ、だし
茹 茹でる　素 そのまま食べる

「主な用途」「調理のポイント」は、おいしく肉を食べるための参考にしてください。

E TOPICS
肉にまつわる情報、下準備の仕方やレシピなどを紹介しています。

○本書は、食肉の知識を得ることで、より食肉を深く味わっていただくことを目的としています。肉食に偏らず、食事はバランスよく摂りましょう。個人の体調や体質、また、病気療養中の方は、医師や栄養士と相談の上、ご利用ください。○食肉の生食はやめましょう。詳しくは、90ページでご確認ください。○本書内の栄養成分表は、『日本食品標準成分表2020年版(八訂)』(文部科学省科学技術・学術審議会　資源調査分科会報告) により、作成しています。

第1章

牛肉

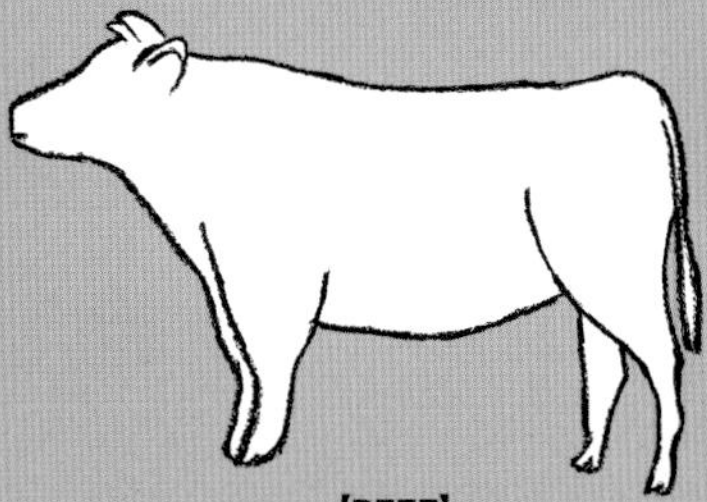

【BEEF】

牛の種類

「和牛」と「国産牛」の違いとは？

「和牛」とは、明治以降日本の在来の牛と外国産の牛を交配して、改良された日本固有の肉用種のことです。４種類が「和牛」として認定されています。

□黒毛和種…毛・角・肢とも黒く、体が締まり、四肢は強健。あらゆる品種のなかで最も肉質に優れ、赤身にまでサシが入り、脂の風味もよい。和牛の生産量のおよそ95%にあたる。

□褐色和種…毛色は黄褐色あるいは赤褐色で、骨太で体格がよく、発育がよい。熊本県と高知県の赤牛に、朝鮮牛とシンメンタール種を交配。脂は少なく、赤身が多い。

□日本短角種…毛色は褐色で、骨太で体格がよいため使役牛として飼われていた。在来種の南部牛に、イギリスのショートホーン種を交配。赤身が多くやわらかい。

□無角和種…毛色は黒で、角はない。山口県阿武郡産の在来種に、イギリスのアバディーン・アンガス種を交配。皮下脂肪が厚くなりやすく、赤身が多い。飼育数は少ない。

一方、「国産牛」とは、品種に関係なく、一定期間以上、日本国内で飼育された牛の総称です。つまり、外国で生まれた牛（外国種）も、日本での飼育期間が長いと「国産牛」と呼びます。また、本来乳用種であるホルスタインや、ホルスタインと和牛を交配した交雑種も「国産牛」として表示されます。

TOPICS

銘柄牛とはどんな牛？

「銘柄牛」とは、「ブランド牛」などとも呼ばれて、各地の生産・出荷団体が、黒毛和種を中心に肥育方法や飼料などを工夫して育て、ほかの牛肉と差別化するため名前を付けた国産牛です。全国で150以上の銘柄牛があると言われています。その多くが地域ブランドのため、町おこしや「地産地消」など、地域産業の活性化に役立っています。

格付け

「A5ランク」の牛肉とは？

牛肉を取引する目安になるのが「格付け」です。精肉店やステーキハウスで耳にする「A5ランク」などが、この格付けに当たります。社団法人日本食肉格付協会が国の承認を得て定めた「枝肉及び部分肉取引規格」に基づいています。

枝肉の格付けは、「歩留等級」と「肉質等級」の分離評価方式で行われます。「歩留等級」とは、枝肉から骨や筋を取り除いてどれくらいたくさんの肉が取れるかを示し、よいほうからA、B（標準）、Cに区別します。

「肉質等級」とは、脂肪交雑（サシの度合い）、肉の色沢、肉の締まり及びきめ、脂肪の色沢と質の4項目について判定し、よいほうから5〜1に区別したものを4項目のうち最も低い判定に合わせて格付けします。

つまり、「A5ランク」とは、「歩留等級」でAを取り、さらに、「肉質等級」でオール5を獲得した牛肉のみに与えられる表記なのです。

TOPICS

食べごろの牛肉の選び方は？

牛肉は、と畜した後いったんはかたくなります。しかし、5〜10℃で貯蔵して1週間〜10日間ほど熟成させると、この間に含まれる酵素によってたんぱく質が分解されやわらかくなり風味を増します。その後、精肉店やスーパーで薄切りなどにカットして販売されます。

カットされた牛肉の断面は、切りたての場合やや黒ずんでいますが、空気に触れるうちに、鮮やかな赤に変化します。これは、含まれている水溶性たんぱく質が酸化したことで起こります。購入するときは、この鮮紅色の牛肉を選びましょう。ただし、時間が経つとさらに酸化が進み、褐色になります。購入した肉は、冷蔵庫で約3日程度を目安に消費しましょう。

牛の枝肉

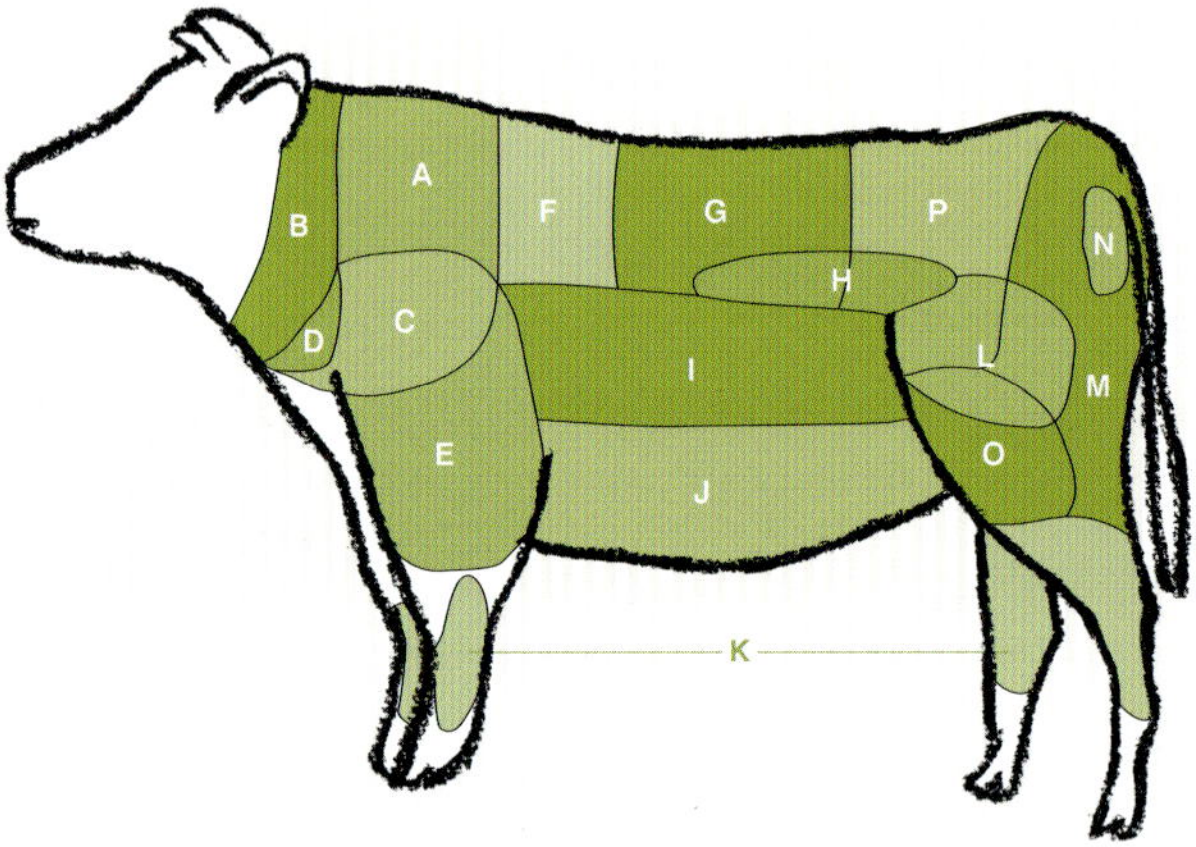

栄養

良質なたんぱく質と鉄分の補給に

牛肉に含まれるたんぱく質には、人間が体内でつくることのできないため食物から取る必要のある「必須アミノ酸」が、バランスよく含まれています。不足すると免疫力が低下し、疲れやすく病気にかかりやすくなります。また、牛肉には、「鉄分」も多く、吸収されやすい形で含まれているので、貧血の予防、改善によいでしょう。

M・N そともも 脂身つき、生	P ランイチ (ランプの値) 脂身つき、生
244	319
17.8	15.1
20.0	29.9
3	3
1.1	1.4
0.08	0.08
0.18	0.19
68	81

調理

かたい肉は？

肉叩きや包丁の背で叩いて繊維を潰したり、筋を包丁の先で切ったり、酒にしばらく漬けてから調理するとよいでしょう。また、筋繊維に対して、直角に包丁を入れると、食べたときにやわらかく感じます。

牛肉を加熱し過ぎると？

脂や風味が抜け、パサつきます。牛肉は調理する前に室温に戻すことで、必要以上の加熱を防止することができます。

冷蔵保存は？

冷蔵庫での保存は、3日程度が目安です。挽肉は傷みが早いので、1～2日で使い切るようにしましょう。冷蔵庫内では、氷温室（チルドルーム）が最適です。空気に触れないようにラップでしっかりと包み直し、さらに密閉容器や保存用ポリ袋に入れておきましょう。

冷凍保存は？

冷凍庫での保存は、約1か月が目安です。冷凍した肉は、低温でゆっくり解凍するのが原則です。解凍は、冷蔵庫の氷温室で行うとドリップ（肉汁）が出にくいでしょう。

食品成分表

うし・和牛肉 可食部100g当たり	A 肩ロース 脂身つき、生	C・D かた 脂身つき、生	E・I・J バラ 脂身つき、生	F リブロース 脂身つき、生	G サーロイン 脂身つき、生	H ヒレ 赤肉、生	L うちもも （ももの値） 脂身つき、生
エネルギー（kcal）	380	258	472	514	460	207	235
たんぱく質（g）	13.8	17.7	11.0	9.7	11.7	19.1	19.2
脂質（g）	37.4	22.3	50.0	56.5	47.5	15.0	18.7
カルシウム（mg）	3	4	4	2	3	3	4
鉄（mg）	0.7	0.9	1.4	1.2	0.9	2.5	2.5
ビタミン B_1（mg）	0.06	0.08	0.04	0.04	0.05	0.09	0.09
ビタミン B_2（mg）	0.17	0.21	0.11	0.09	0.12	0.24	0.20
コレステロール（mg）	89	72	98	86	86	66	75

ランクによって、サシの入り方がかなり変わってくる。上ランクほどきめ細かい。

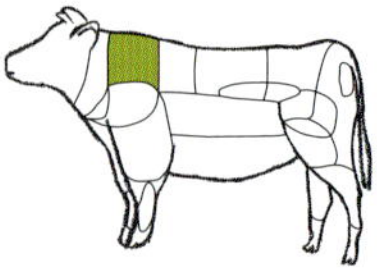

肩ロース

【CHUCK ROLL】
くらした、ざぶとん、はねした、芯ロース

肉厚でやわらかく きめが細かい上級肉

首肉から続くロース全体の先端部にあたる「肩ロース」。肉厚でやわらかく、きめが細かいのが特徴です。脂肪分が適度にあり、筋肉中に霜降り状に分布しているので、コクや風味がよいとされています。脂肪の色は、白または乳白色で粘り気のあるものが上質で、牛肉特有の香りを醸します。薄切り肉はすき焼きやしゃぶしゃぶに。

DATA

焼

[主な用途]
すき焼き、しゃぶしゃぶ、焼肉、コンフィなど

[調理のポイント]
厚切りよりも薄切りが適している。厚切りにする場合は、スジ切りをすること。

[ブロック]

1ブロックでだいたい20～30kgの重さがある。牛1頭で2ブロック取れる。

TOPICS

和牛のほうが輸入牛よりカロリーが高いのは？

カロリーの違いは飼料の違いによります。主に牧草を食べさせて飼育する輸入牛に対し、和牛は牧草だけではなく穀物も与えます。そのことにより脂肪を体内に蓄えやすく、肉質が霜降り状になるといわれています。また、「霜降り肉」を愛する国民性にもよるかもしれません。

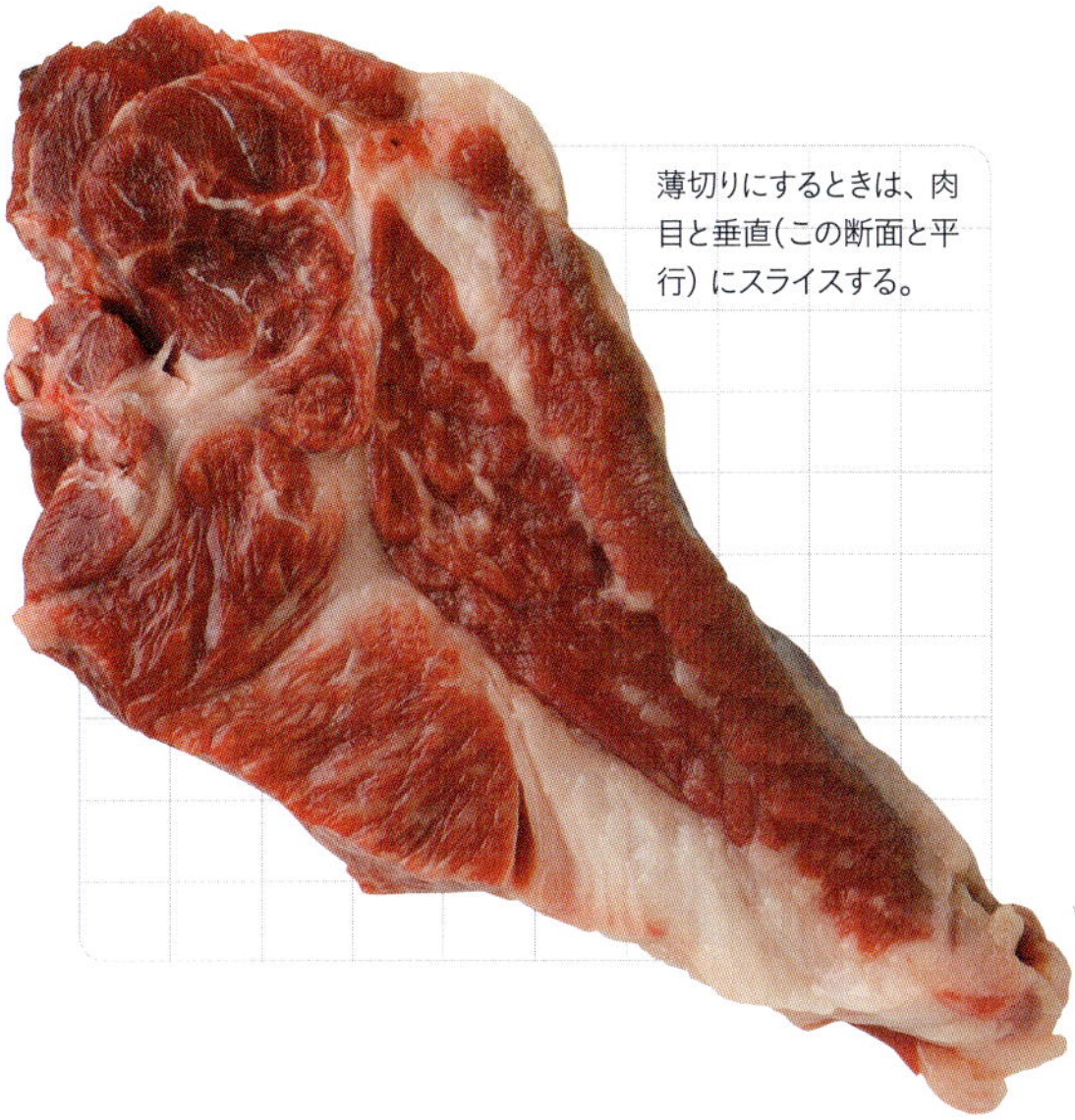

薄切りにするときは、肉目と垂直(この断面と平行)にスライスする。

ネック

【NECK】
ネジ

豊富なエキス分とゼラチン質で煮込みに

牛の首の部分の肉。「ネック」はよく動く部位なので、肉のきめは粗く、かたくて筋っぽいです。肉色は濃く、脂肪分が少なく赤身肉が多いので、こま切れにしたり、すね肉などのほかの部位と混ぜて挽肉にします。豊富なエキス分とゼラチン質をもっているので旨味が強く、じっくり煮込む料理やスープの材料に適しています。

DATA

煮　挽　湯

[主な用途]
煮込み、スープ　など

[調理のポイント]
肉質がかたいので、薄切りや2cmほどの角切りで使用する。半解凍状態が切りやすい。

TOPICS

「ネック」のつくだ煮

【材料】ネック…ブロック300g、茹で大豆…100g、茹でたけのこ…200g、しょうが…1片、A（醤油…1/2カップ、砂糖…大さじ2）

【作り方】①ネック、たけのこは1cm角に刻む。しょうがはみじん切りにする。

②鍋に刻んだ肉、かぶるほどの水、しょうがを入れて火にかけ、沸騰したらアクを取りつつ弱火で肉がやわらかくなるまで煮込む。

③さらに、大豆とたけのこを加え、Aを入れて煮汁がなくなるまで弱火で煮込む。

④最後に強火にして、煮汁を煮詰め、照りが出るように材料に絡める。

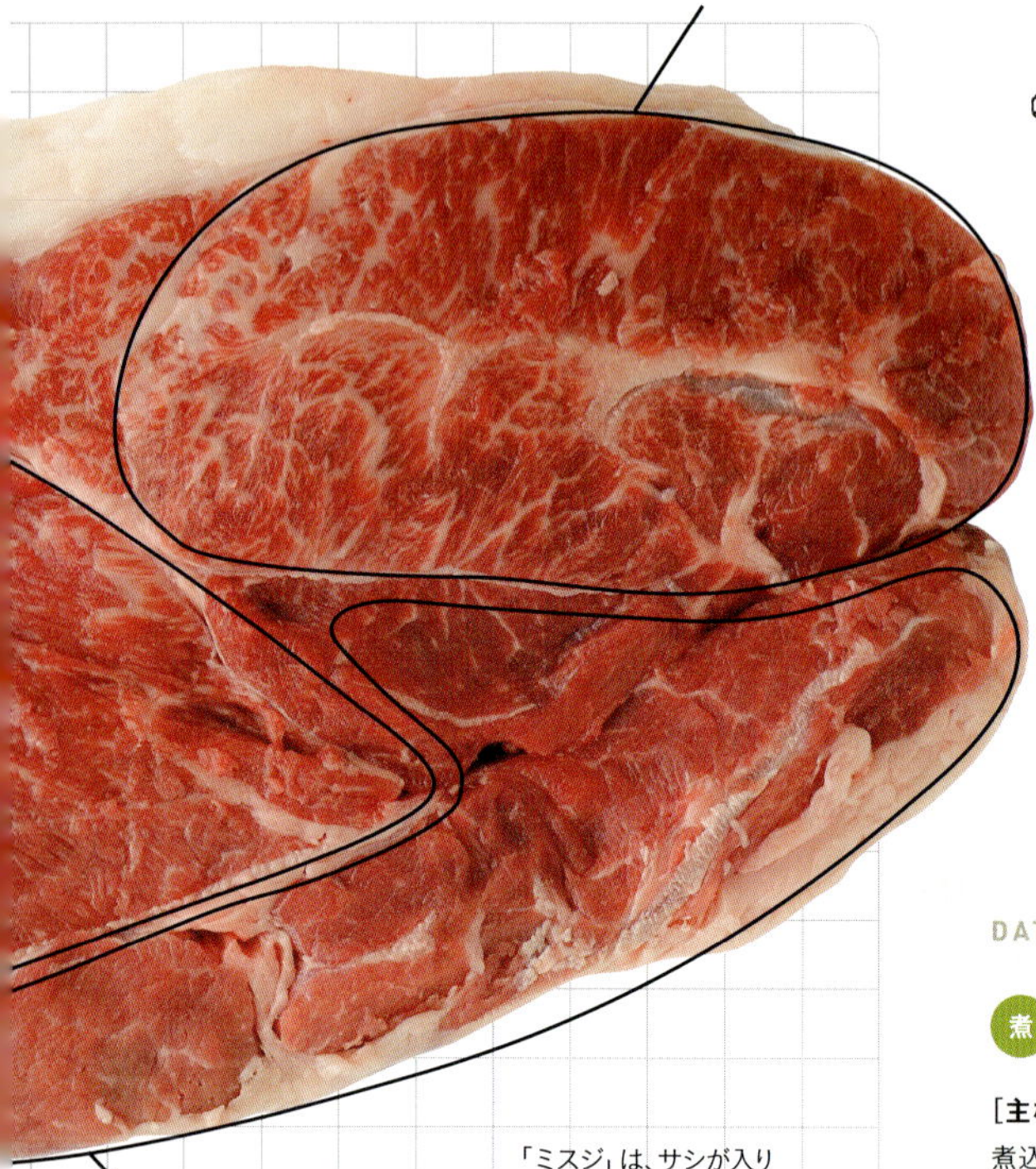

「ミスジ」は、サシが入りやすくやわらかい。「サンカク」は、「ミスジ」よりはかたいが、基本的にはやわらかい部位。

かた

【SHOULDER CLOD】
うで、マクラ、トウガラシ、サンカク、ミスジ

DATA

煮 焼 湯

[主な用途]
煮込み、焼肉、スープ　など

[調理のポイント]
筋膜や腱を取り除いて薄切りにすると用途が広がる。

[ブロック]

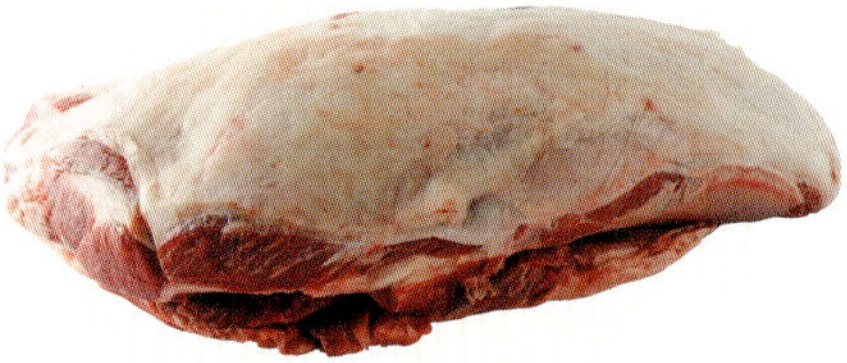

長さは約45cm、高さ約25cm。かた肉のブロックは、様々な部位の集合体でできている。

前肢の上部の肉の部分の総称。牛の体の構造上、前肢に比重が高くかかることから、必然的に運動量が多くなり、筋肉が発達しているので、スジや筋膜が多いのが特徴です。肉の色はやや濃いめで、きめが粗くかたいため、シチューやカレーなどの煮込み料理やスープの材料に用いられます。エキス分やゼラチン質が多く、旨味成分が

ブイヨンをとるのに最高な部位

豊富なので濃厚なブイヨンが楽しめます。また、「かた」を、主に日本の焼肉店では「マクラ」「トウガラシ」「サンカク」「ミスジ」などに分けて呼ぶことがあります。

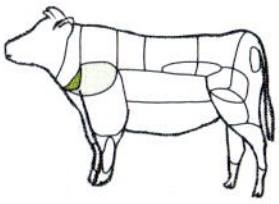

トウガラシ

関西では「とんび」などとも呼ばれる。肉汁が多いのでブロックでローストビーフにしたり、真ん中のスジをきれいに取り除いて焼肉に。

［ブロック］

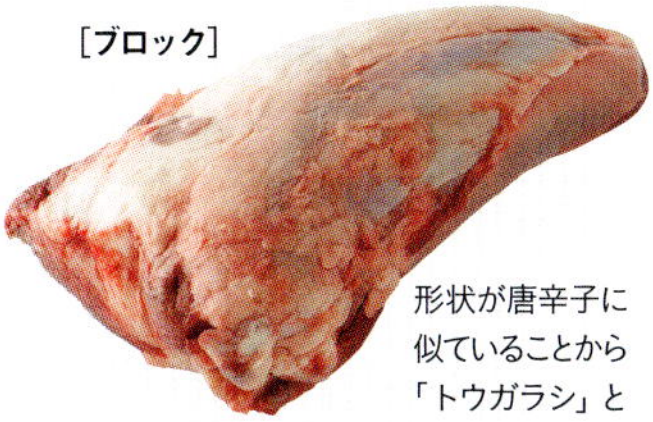

形状が唐辛子に似ていることから「トウガラシ」と呼ばれている。

肉質は「もも」と似ていてかため。

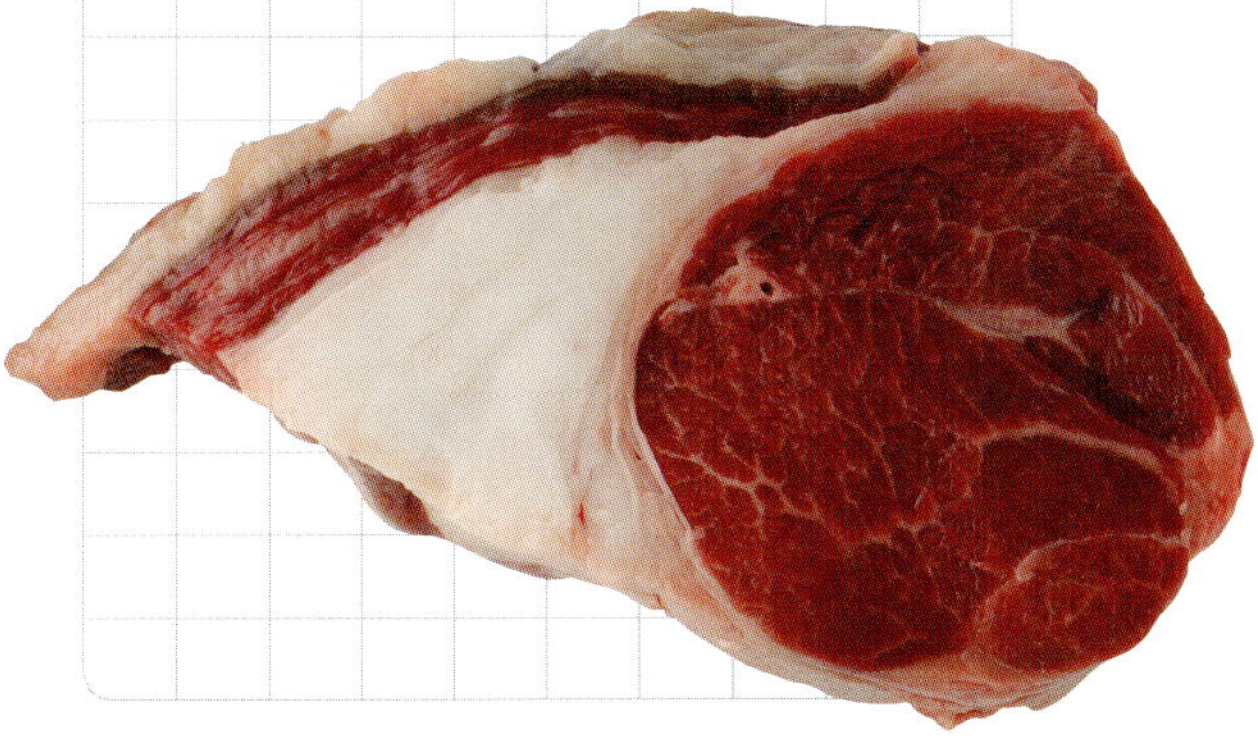

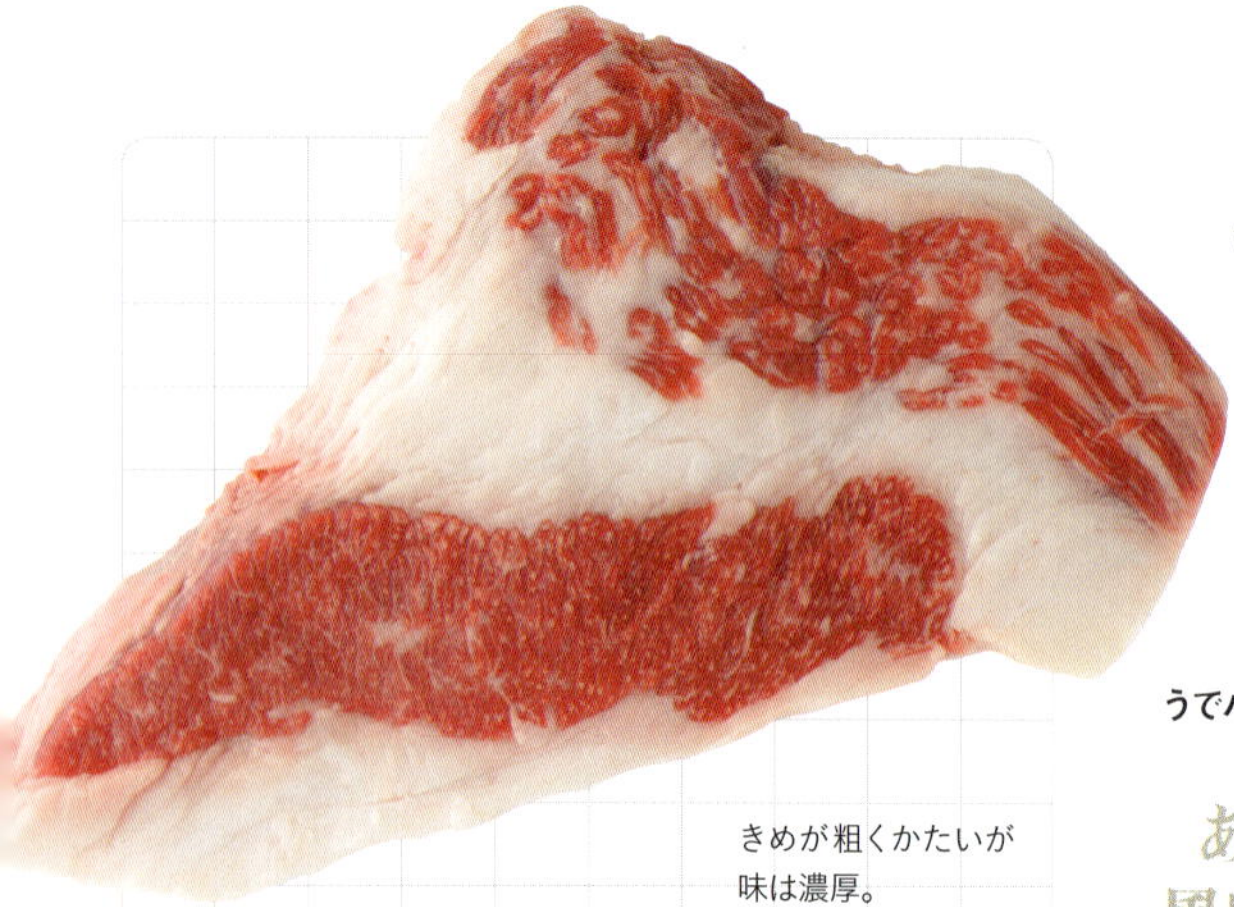

きめが粗くかたいが
味は濃厚。

肩バラ

【BRISKET】
うでバラ、カルビ、三枚肉、三角バラ

あばら骨の前部分
風味に優れた三枚肉

あばら骨まわりの肉で、前部分を「肩バラ」、後部分を「ともバラ」と呼びます。赤身と脂肪が層になっていて、きめは粗くかための肉質です。「ともバラ」よりサシが多く、「すね」や「ネック」についでかたいので、角切りにしての煮込みや、塊肉のまま蒸し煮によいでしょう。薄切りにした焼肉用を「カルビ」と呼びます。

DATA

煮　蒸　焼

［主な用途］
煮込み、肉じゃが、焼肉　など
［調理のポイント］
薄切りにしたほうがかたさが目立たない。

TOPICS

老化防止に 牛肉とくるみ

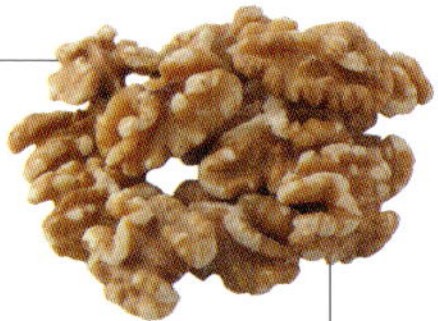

牛肉はたんぱく質が多く、くるみは良質な脂質とたんぱく質を含みます。薬膳でも牛肉は骨や筋肉を強化して体を元気にする食材といわれ、抗加齢を期待するくるみとの組み合わせは、関節痛、肌や髪の乾燥など気になるエイジングケアにおすすめです。

［プレート］

肩バラの「三角バラ」。焼肉店で人気の骨付きカルビと呼ばれている部位。

BEEF ● RIB EYE ROLL

背最長筋である「かぶり」があるのが特徴。

スジを取り除く。

ロース芯

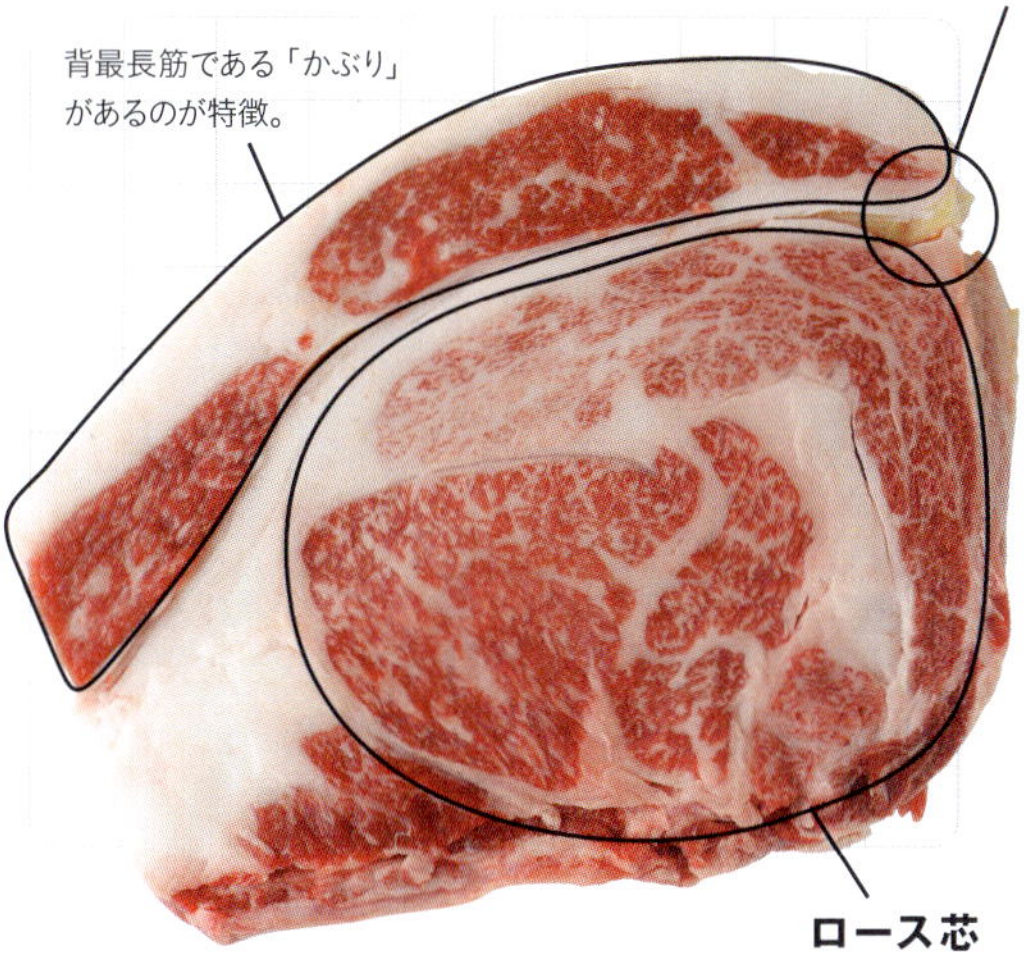

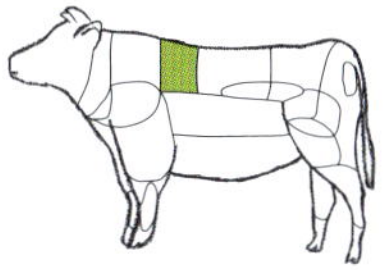

リブロース

[RIB EYE ROLL]
リブ芯、ロース芯

ヒレ、サーロインに並ぶ最高級肉

「肋」骨の背肉という意味を持つ「リブロース」は、肩ロースとサーロインに挟まれた部位です。色沢が美しく、霜降りになりやすいのが特徴です。きめが細かく肉質もよいので、肉そのものを味わう料理に使用されます。断面の中心にある長円形の部分を「ロース芯」といい、ロースの中でもやわらかくて味がよい部位です。

DATA

 焼

[主な用途]
ローストビーフ、ステーキ、すき焼き、しゃぶしゃぶ など

[調理のポイント]
ステーキにするときは30分くらい前に冷蔵庫から出して室温に戻す。

TOPICS

「ロース芯」と「ヒレ」の違いは？

「ロース芯」とは、リブロースの真ん中に通っている胸最長筋のこと。肉質はやわらかいのですが、脂肪が入りやすく、美しい霜降りが見られます。一方、「ヒレ」は脂肪が少ない赤身肉です。「ロース芯」よりもさらにやわらかいのが特徴です。

[ブロック]

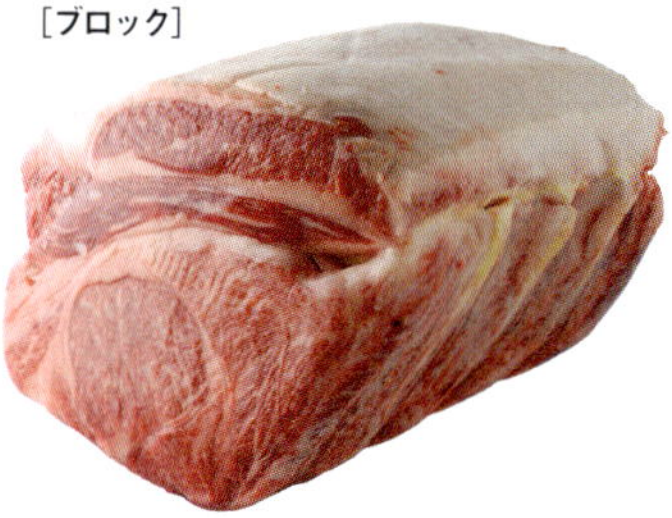

断面は肩側。後ろがロース側。ロースに近づくほど、比較的やわらかい。

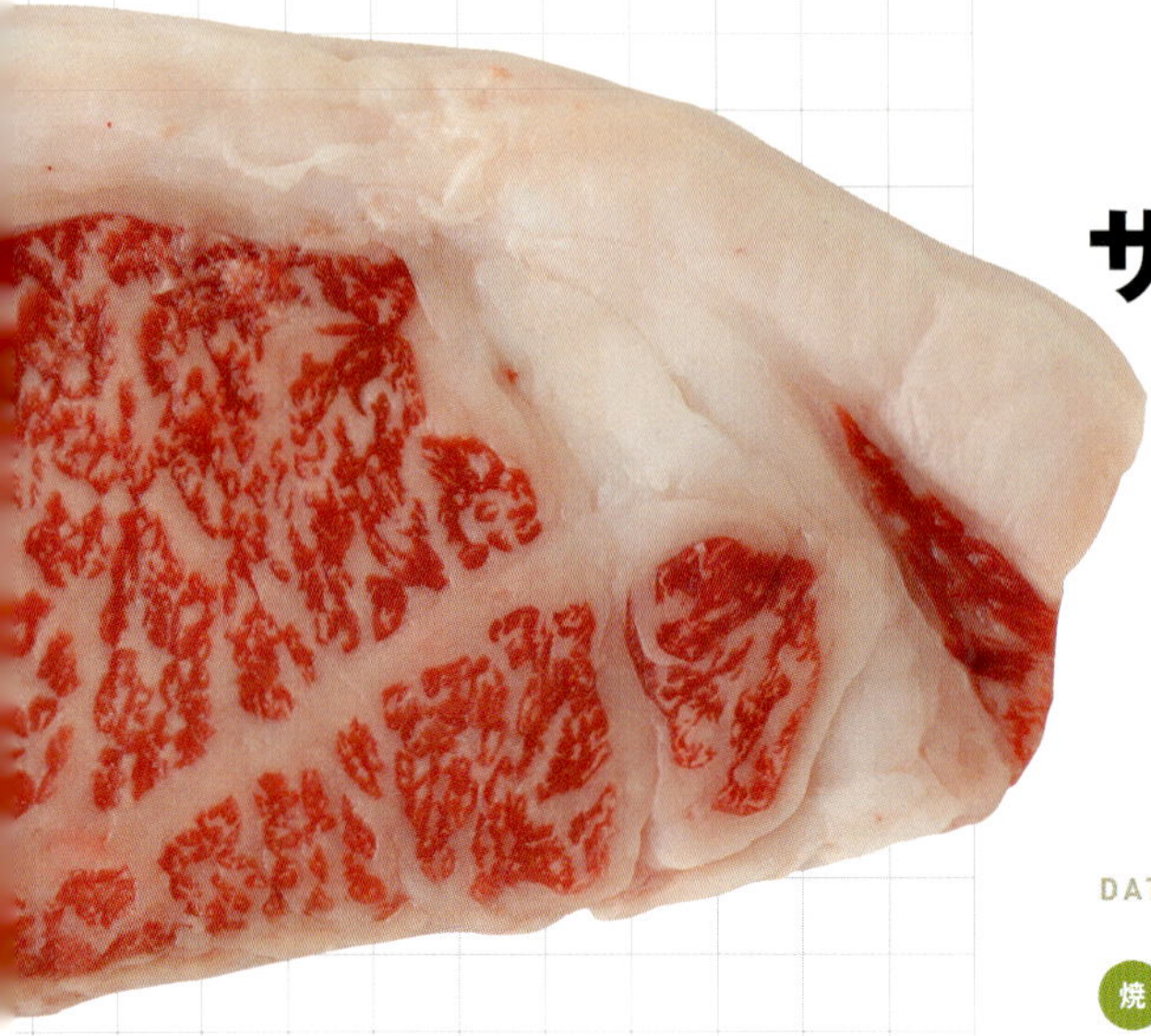

おいしさは 牛肉の中でも随一

サーロイン

【STRIP LOIN】
ヘレした

DATA

焼

[主な用途]
ステーキ、ローストビーフ、しゃぶしゃぶなど

[調理のポイント]
ステーキにする肉は1cm以上の厚切りにすると肉汁が逃げない。

[ブロック]

サーロインは、頭から後ろまでサシが入り続けている。長さは60cmほど。

リブロースに続く、背肉の後半部分で、腰肉にあたるロインの3点「リブロース」「サーロイン」「テンダーロイン（ヒレ）」の中でも英国王に「Sir」の称号を贈られた最高の部位です。あまり運動しない部分なの

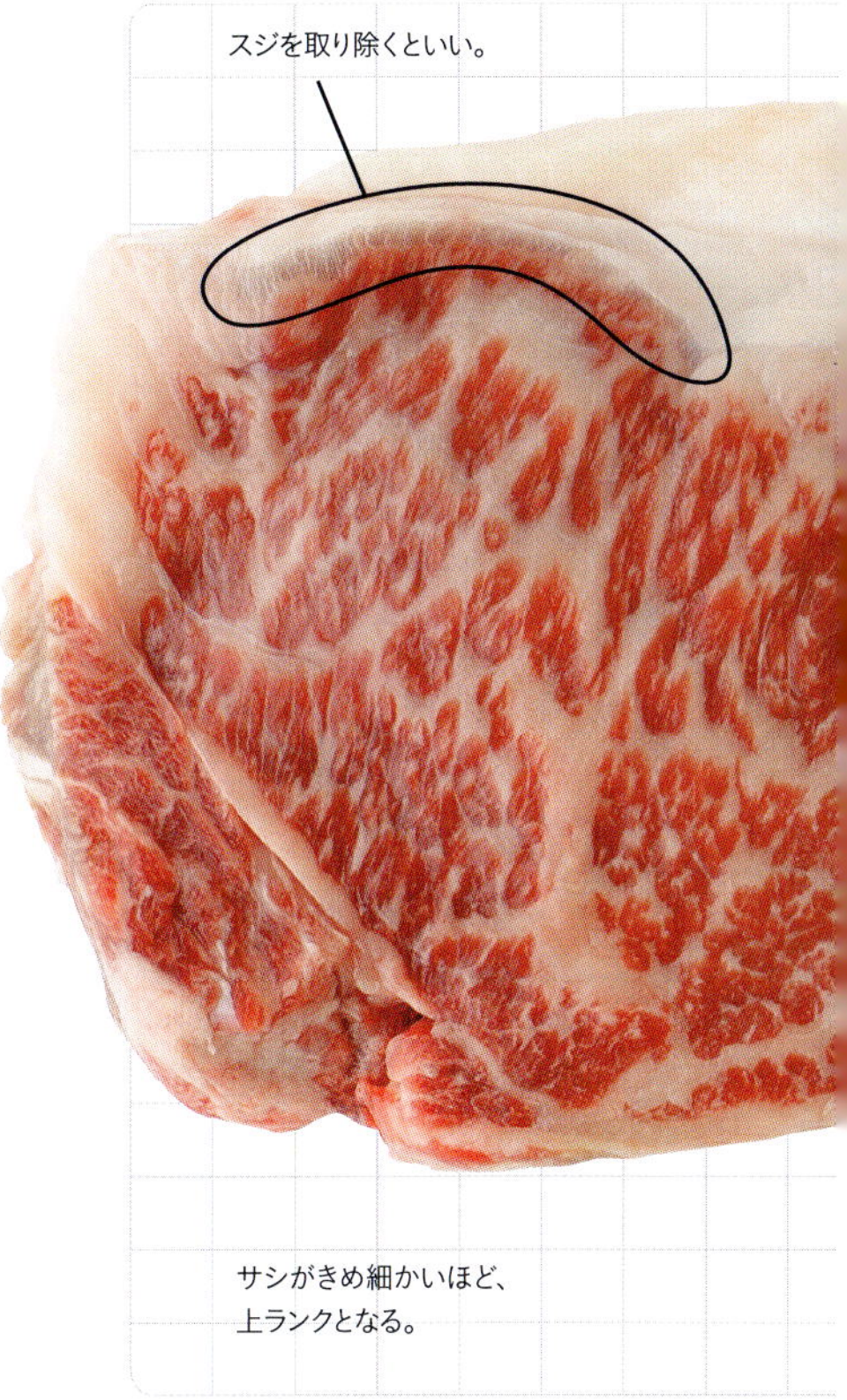
スジを取り除くといい。
サシがきめ細かいほど、
上ランクとなる。

TOPICS

「Tボーン・ステーキ」とBSE問題

「Tボーン・ステーキ」は、骨付きサーロインで、内側のヒレを含めて同時にカットしたもの。断面の骨の形状がT字型の、サーロインとヒレが同時に味わえる豪華かつ人気のステーキカットです。しかし、BSE発生以後、BSE発生国では脊髄を含む骨は除去されるので出荷が禁止されています。

TOPICS

焼き方の呼び方

「サーロイン」は、代表的なステーキの部位で、どんな焼き加減にも対応できる優れた肉質だと言われています。

「ロー」　完全に生の状態

「ブルー レア」　表面にさっと火を通しただけ、中は冷たいまま

「レア」　表面のみ焼き、中も余熱で少し温かくなっている状態

「ミディアム レア」　中まで熱が通っているが、まだ生の状態

「ミディアム」　断面の肉色は全面的に変わっているが、肉汁は生に近い状態

「ウェル」　よく焼いた状態

「ウェルダン」　断面の肉色もピンクの部分がなくなっている状態

「ヴェリー ウェルダン」　完全に中まで焼いた状態、肉汁がまったく外に出ない

で、筋肉は少なく、やわらかくてきめの細かい霜降りが見られます。味わいのよさは牛肉の中でも随一。特に、和牛は脂肪が入りやすいようです。脂肪の色は、白、または、乳白色のものを選びましょう。老齢な牛は色素が沈着して、脂肪の色が黄色や褐色に変化しています。

変色しやすい部位なので、できるだけすぐに使用する。

ヒレ

【TENDER LOIN】
ヘレ、フィレ

日本人好みの最上級赤身肉

「サーロイン」の内側にある腰椎に沿った細長い肉で、直径12〜15cm、長さ50〜60cmほどの棒状の部位です。やわらかく、きめの細かさが特徴です。脂肪が少ないので、焼き物や揚げ物に適しています。ヒレの一番太い部分を分厚く切ってステーキにした「シャトーブリアン」は、フランスの小説家の名前を冠したステーキです。

DATA

焼

[主な用途]
ステーキ、ビーフカツ、カルパッチョなど

[調理のポイント]
加熱し過ぎるとたんぱく質が凝固して、ヒレ特有のやわらかさがなくなるので、注意。

TOPICS

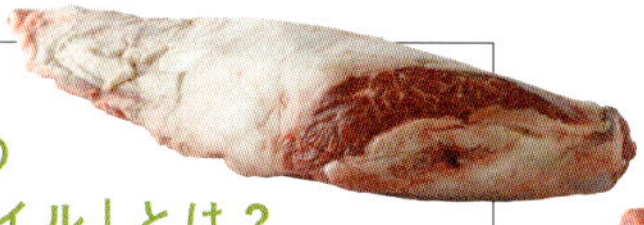

「ヒレ肉の関東スタイル」とは？

牛肉を塊肉にカットする際に、カイノミ（ともバラの一部。わき腹のあたりに位置し、貝のような形をしている）部分を少し残し、ヒレの表面に脂を残すカットを言い、脂肪で包まれているので劣化が少ないのが特徴です。一方、カイノミも脂も落とすカットを「九州スタイル」と言います。

[ブロック]

脂を落とし、整形した状態。真ん中に見えるのが「カイノミ」の一部。

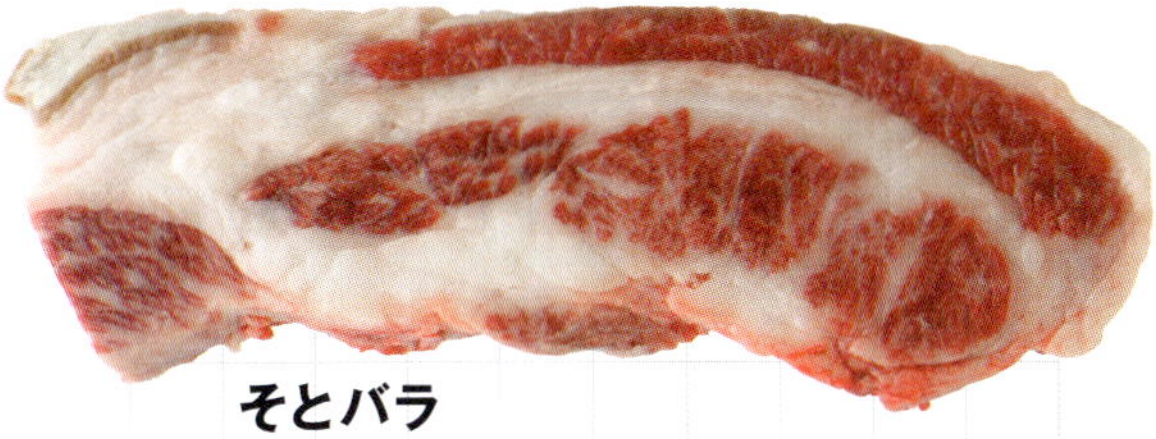

そとバラ

脂に旨味があるので、焼肉や牛丼に最適。

うちバラ

うちバラのうち、あばら骨の間にある肉は「中落ちカルビ」と呼ばれている。

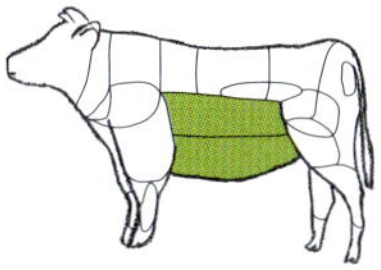

ともバラ

【SHORT PLATE】
カルビ、三枚肉

赤身は薄く筋っぽいが
脂肪が多く味は濃厚

「バラ」とはあばら骨の周辺の腹部の肉のことを言い、韓国語では「カルビ」と言います。呼吸をする筋肉で常に動いているので、肉質はきめが粗く、ややかためで脂肪が多く、また、筋や膜が多いのも特徴です。味は濃厚なので、ポトフや煮込みに。また、薄切りにして焼肉や、安価にできるすき焼きの肉としても重宝します。

DATA

煮 焼

［主な用途］
シチュー、煮込み、カルビ焼き、牛丼
焼肉　など

［調理のポイント］
赤身と脂肪の層が均等に入っているものは薄切りに。

［プレート］

シチュー用にカットされた「ともバラ」。

TOPICS

「特上カルビ」「上カルビ」「カルビ」の違いは？

それぞれの違いは明確に決まっていません。焼肉屋がそれぞれ独自にランク付けしていることが多いです。基本的には、サシの入りが多く細かいものに、また、肉がやわらかいカルビに、「特上」や「上」を付けています。

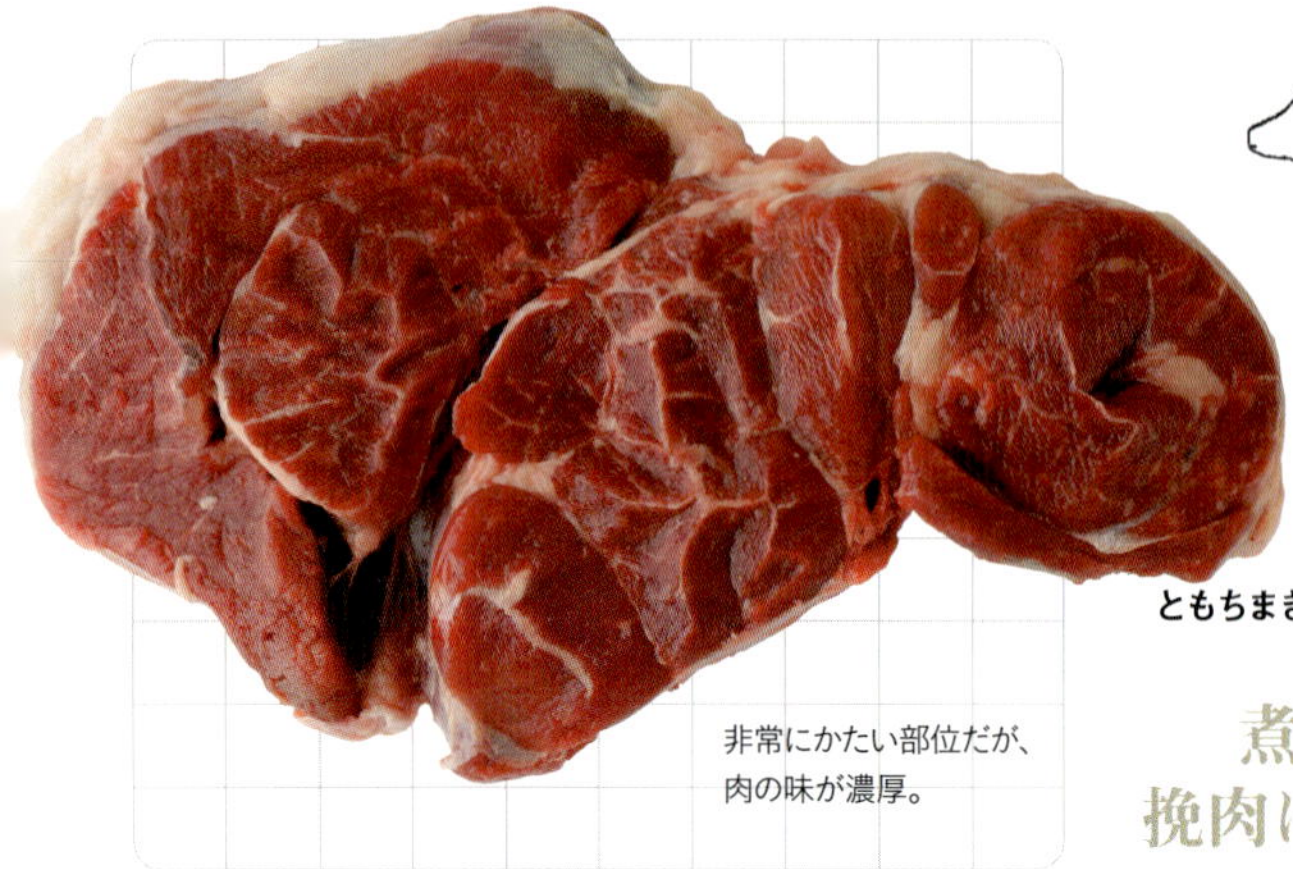

非常にかたい部位だが、
肉の味が濃厚。

すね

【SHANK SHIN】
ともちまき、ちまき、ともずね、まえずね

煮込みやスープ 挽肉に欠かせない部位

前肢を「まえずね」、後肢を「ともずね」と呼び、四肢のふくらはぎの部分の肉を指します。伸筋屈筋など発達した筋肉のため、かたい部位ですが、コラーゲンやエラスチンなどのたんぱく質が含まれているため、長時間煮るとやわらかく食べやすくなります。また、「すね」から作る挽肉は最高級と言われています。

DATA

煮 挽 湯

［主な用途］
ポトフ、煮込み、挽肉、シチュー　など
［調理のポイント］
スープを取るには、ともずね（後肢）がよい。

TOPICS

カレー用に「すね肉」を下準備

【材料】すね肉…1kg
A（水…1カップ、にんにく…1/2個、ローレル…4～5枚、黒胡椒…10粒、赤ワイン…300cc）
【作り方】
①すね肉を塊肉のまま、たっぷりの湯で表面の色が変わる程度茹でる。
②茹で上がったら、ぬるま湯で余分な脂を流し、使用するサイズにカットする。このとき、余分な脂肪は切り落としておく。
③圧力鍋に、❷のすね肉とAを入れて、約30分加熱すればでき上がり。
④冷めたら、煮汁と一緒に保存袋に入れて小分けで冷凍保存すると便利。

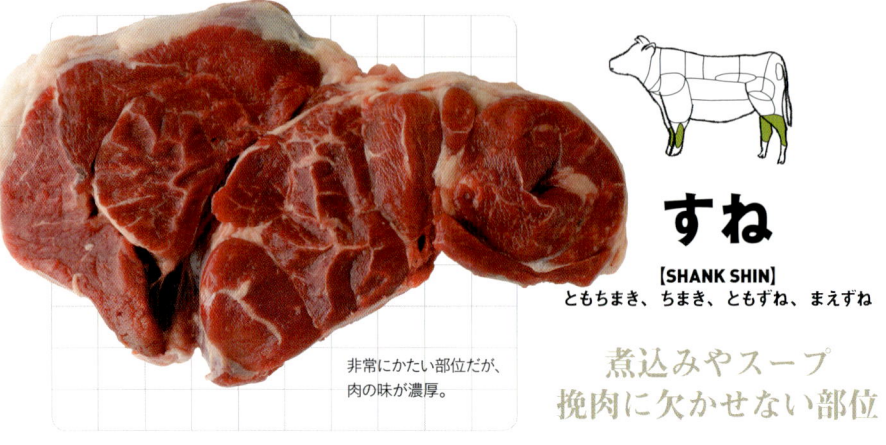

かたいのでスライスして、中華炒めなどにもよい。

うちもも

【TOP ROUND】
うちひら、トップサイド

最も脂肪が少ない赤身の大きな塊

後肢のもも内側の肉で、いくつかの筋肉が集まる赤身の大きな塊です。ステーキや焼肉などでも利用されますが、風味に乏しく、淡白です。牛肉の部位中、最も脂肪が少ない部位で低エネルギーなため、脂肪を嫌う人におすすめです。また、大きな塊で調理できるので、ローストビーフや煮込みなどにも用いられます。

DATA

煮 焼

[主な用途]
ステーキ、焼肉、ローストビーフ、煮込み、炒め物　など

[調理のポイント]
肉を覆う皮下脂肪を取り除けば、ほぼ赤身肉になる。

TOPICS

健康志向で人気のラウンドステーキ

脂肪が少なく、赤身中心の「うちもも」を使ったステーキを「ラウンドステーキ」と言います。弾力のある歯ごたえは、まさに肉の塊。欧米ではヘルシー志向の人に人気のステーキです。

[ブロック]

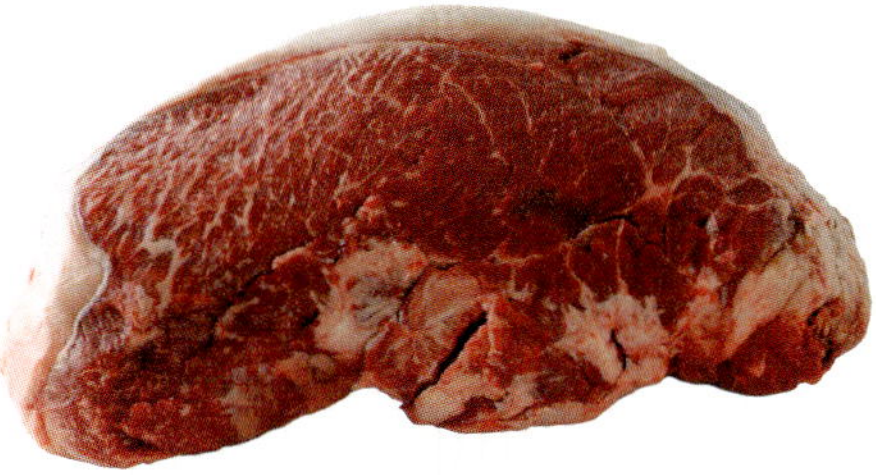

赤身肉では一番大きい。1ブロックが10～12kgの大きな塊。

写真は、そとももの「ナカニク」。きめが粗い赤身肉。

そともも

【OUT SIDE ROUND】
そとひら、ナカニク
シキンボー、ハバキ

DATA

煮 焼

[主な用途]
ポトフ、炒め物、煮込み、ビーフストロガノフ、焼肉　など

[調理のポイント]
煮込み用に角切り、または、スライスして赤身肉として用いるとよい。

[ブロック]

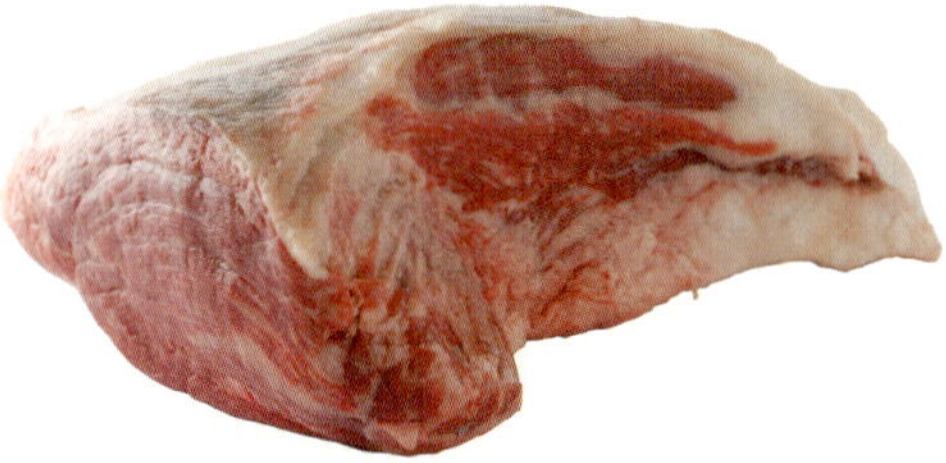

長さ約35cm、高さ約20cmのそとももの ブロック。肉の繊維が不均一に走る。

後肢のももの外側の肉で、最も運動する筋肉が集まっている部分を「そともも」と呼びます。「そともも」は、さらに細かく「ナカニク」「シキンボー」「ハバキ」に分けられます。全体的にきめは粗く、かたい赤身肉ですが、味はよく脂肪はほとんどありません。薄切り、細切りにして炒め物、スラ

煮込むと味がよい
ポトフなどに最適

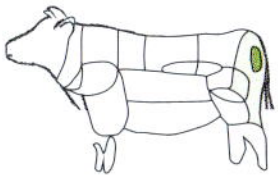

シキンボー

「そともも」の中にある棒状の希少部位。「ナカニク」「ハバキ」より、肉の色がやや淡く、弾力があります。薄くスライスして、しゃぶしゃぶに用いられます。

[ブロック]

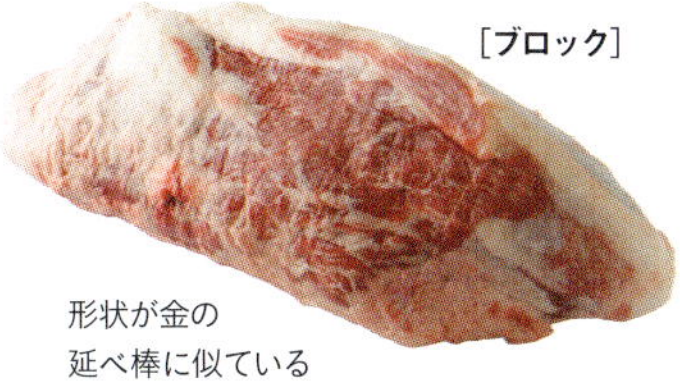

形状が金の延べ棒に似ているので「シキンボー」と呼ばれている。

きめが細かく、大きさも均一な部位だが、サシが少ないためナカニクよりかたい。

イスして焼肉、角切りにしてポトフなど煮込み用に使われます。欧米では塩漬けしてコンビーフを作るのに多用されています。

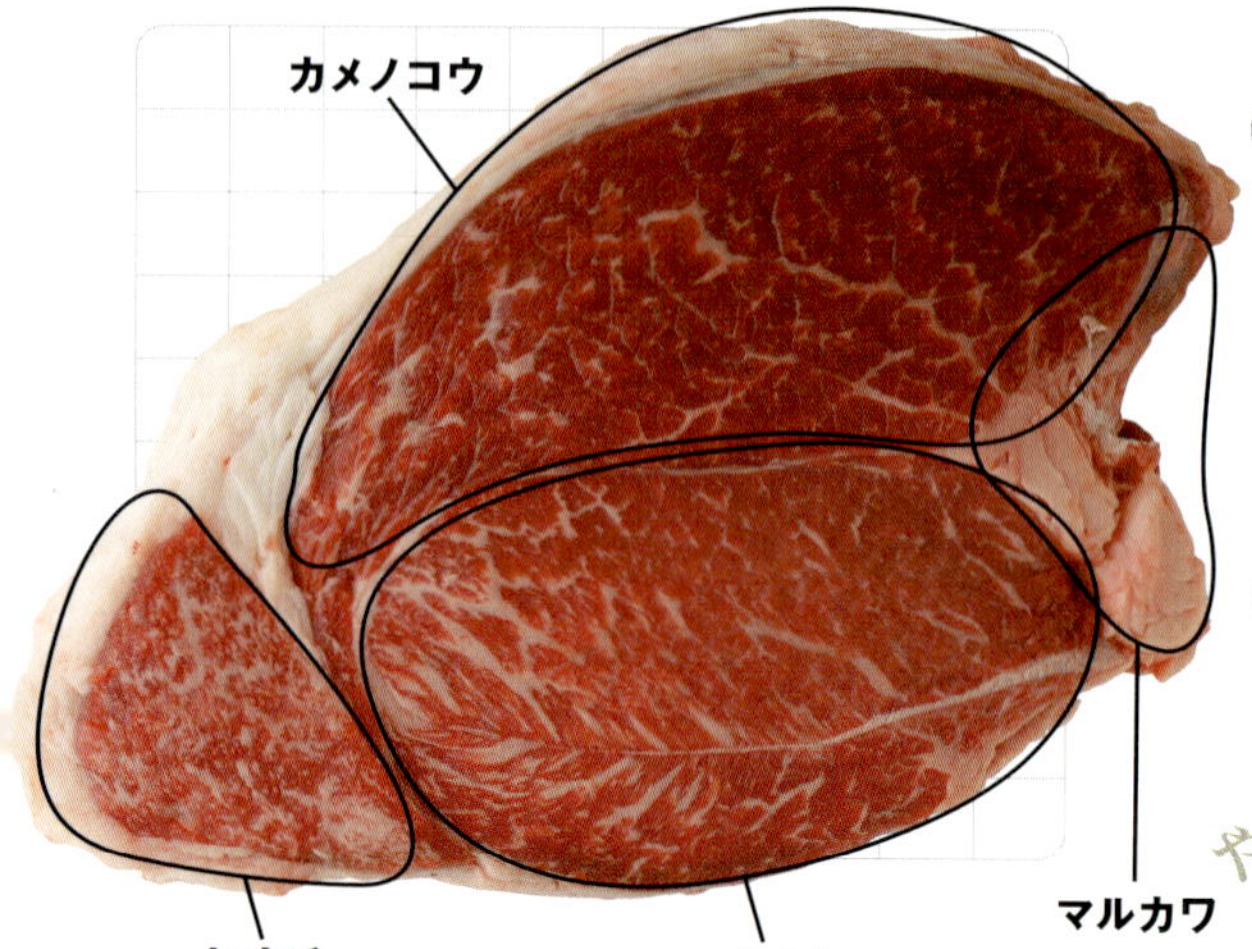

芯玉

【KNUCKLE】
まる、マルシン、カメノコウ
マルカワ、ヒウチ

きめが細かく やわらかい赤身肉

後肢のつけ根、「うちもも」より下の内側にある球状の肉を「芯玉」と言い、アメリカでは「ナックル」と呼ばれています。赤身肉の塊で、きめが細かくやわらかいため、焼肉やステーキでも人気の部位です。「芯玉」は、さらに「マルシン」「カメノコウ」「マルカワ」「ヒウチ」などに分けることができます。

DATA

煮 焼 揚

[主な用途]
ローストビーフ、シチュー、焼肉、カツ、ステーキ　など

[調理のポイント]
スジが多いので、まず各部位に分けてから、調理を始めるとよい。

TOPICS

焼肉店で人気「マルシン」

「芯玉」の中心部分にあたる「マルシン」。関東では「シンシン」とも呼ばれ、ローストビーフやステーキ、たたきなどに使われる部位です。赤身肉らしいしっかりとした歯ごたえがあり、焼肉店でも人気があります。

[ブロック]

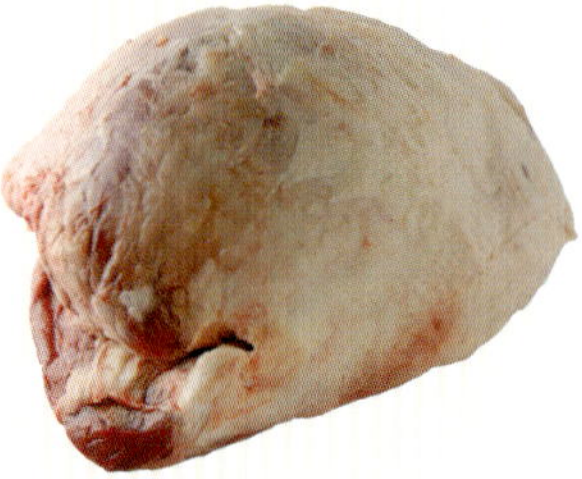

4つの部位が集まる芯玉は、重さ約10kgほど。

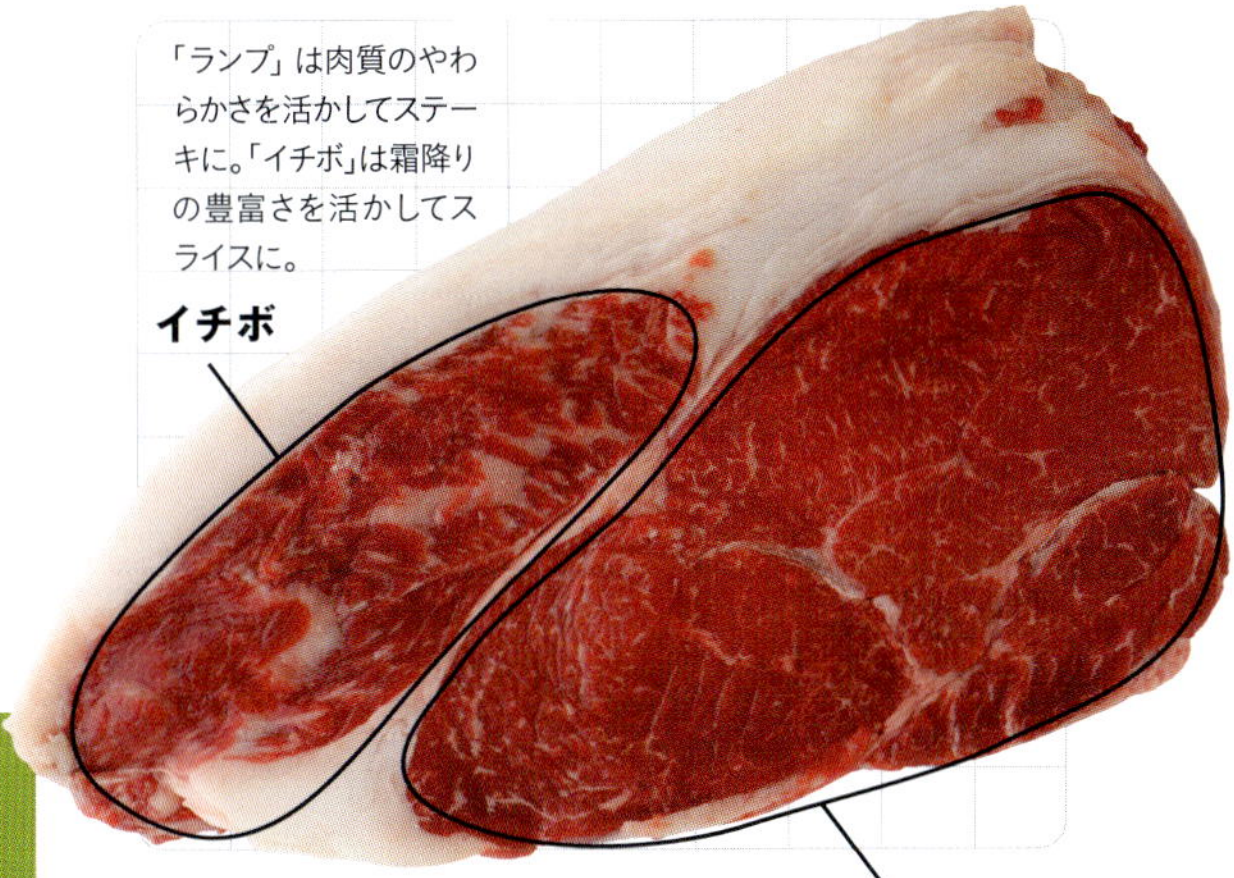

「ランプ」は肉質のやわらかさを活かしてステーキに。「イチボ」は霜降りの豊富さを活かしてスライスに。

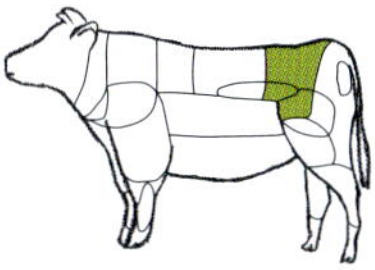

ランイチ

【RUMP】
らむ、ランプ、イチボ

ランプ、イチボをまとめたもも肉

「サーロイン」に続く腰からももにかけての部位で、「ランプ」と「イチボ」を含めた呼び名です。大きなもも肉を構成するいくつかの部位の中では「ランプ」が最も味がよいと言われています。「ロース」のような細かい脂肪交雑は見られないですが、鮮やかな赤身肉には適度な脂肪があり、味にも深みがあります。

DATA

煮 蒸 焼 揚 挽 湯

[主な用途]
たたき、ステーキ、ローストビーフ、煮込み、ソテー　など

[調理のポイント]
ももの中では、ステーキに一番向いている。ほとんどの料理に利用できる。

TOPICS

「ランプ」と「イチボ」

「ランプ」はよりきめが細かく、やわらかさが魅力です。脂もあっさりしているので、すき焼きなどにも向いています。「イチボ」は、より尻に近い部分で、サシが入っていて独特のクセがあります。やや厚切りにして焼肉によいでしょう。

[ブロック]

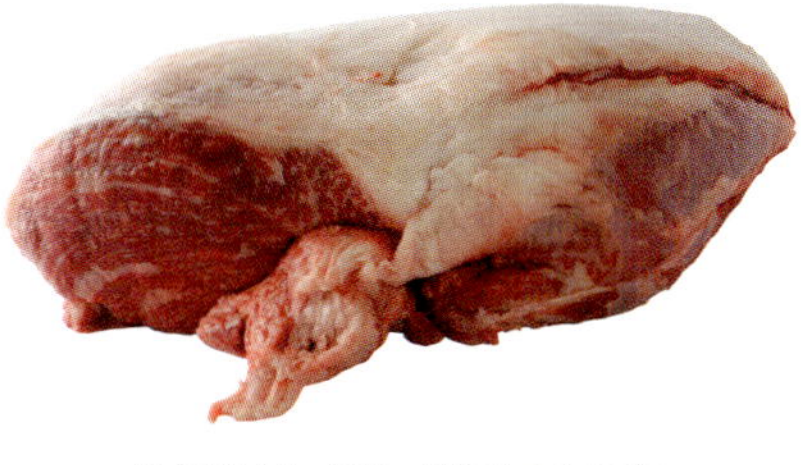

重さは約10kgほど。1頭の牛から2ブロック取れる。

COLUMN

肉料理とスパイス＆ハーブ

独特のにおいを持つ肉を料理するときに、スパイスやハーブは欠かせません。
くさみをとったり、香りをつけたり、辛味をアクセントにしたり……。
上手に使いこなせば、いつもの料理がワンランクアップします。

さっぱりとした清涼感を活かしたシンプルな料理に

バジル・オレガノ・ローレル（ベイリーブス、月桂樹、ローリエ）・ルッコラなど

カルパッチョ、生ソーセージ、ピッツァ、鶏の煮込みなどに。たとえば、鶏のもも肉を用いた「キノコと生トマトの軽い煮込み」にはオレガノを、仔牛や豚ヒレ肉でつくる「レモンとブイヨンの煮込み」にはバジルが合います。また、サラダとしてフレッシュハーブを添えたり、バジルペーストをソースにしても、彩りとして美しいでしょう。

肉のくさみを消し風味をアップ。内臓系の煮込みに

ローズマリー・セージ（サルビア）・ミント・マジョラムなど

豚肉やラムのローストのソースに、豚のかしら肉などを使った田舎風パテのテリーヌ、レバーやハチノスの煮込みなどに。くさみやクセの強い部位では、ハーブと一緒に加熱することでにおいを取って風味を残します。特に内臓系の煮込みにローズマリーやセージは欠かせません。ラムチョップにはローズマリーを一枝使うとおいしく仕上がります。

【CINNAMON】

【STAR ANISE】

【CLOVE】

渋味を消し、香りをプラス。独特な甘い香りを放つ

シナモン・スターアニス（八角）・クローブ（丁字）・コリアンダー・ジュニパーベリーなど

醤油煮込み、チャーシューなどの和食や中華、ワイン煮やソテー、マリネなどの洋食に。シナモンや八角は、お腹の冷えを和らげる漢方の生薬でもある香辛料です。独特な甘い香りが食材の渋味を消して、甘くオリエンタルな香りをつけます。肉のくさみも消すので、煮込み料理によく合います。シナモン、コリアンダーはカレースパイスにも用います。

【BLACK PEPPER】

和洋中どんな肉料理にも欠かせないスパイス

白胡椒・黒胡椒
（ホール、粗挽、中挽、粉末）など

肉のソテー、煮込み、マリネなどに。基本的に和食、洋食、中華すべての肉料理に使うことができます。白胡椒は鶏肉などの白い肉に、また調理前に用います。風味の強い黒胡椒は赤身肉に、また加熱後に用いるなど使い方次第です。カルパッチョやソースの彩りに、緑胡椒やピンク胡椒を合わせると美しいでしょう。

【WHITE PEPPER】

牛の副生物

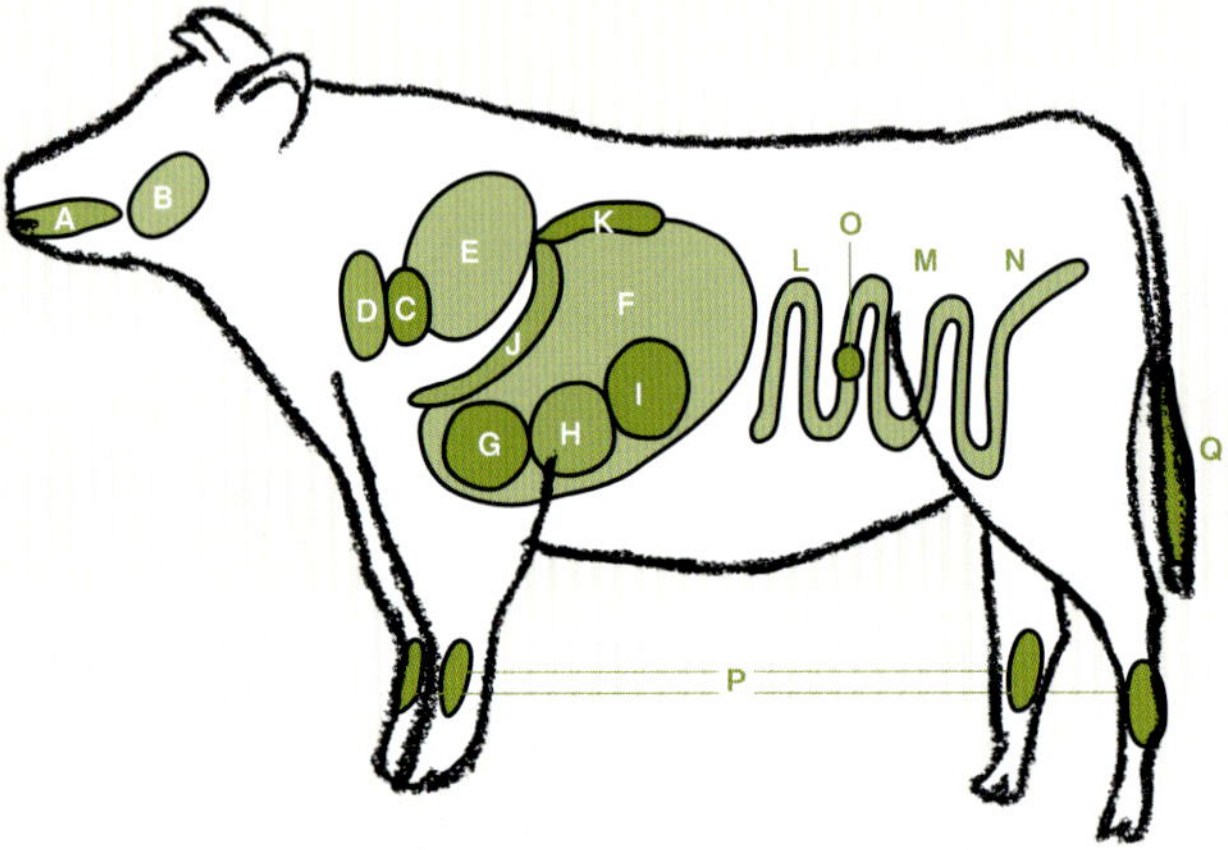

G ハチノス 茹	H センマイ 生	I ギアラ 茹	L ショウチョウ 生	M ダイチョウ 生	N チョクチョウ 生	Q テール 生
186	57	308	268	150	106	440
12.4	11.7	11.1	9.9	9.3	11.6	11.6
15.7	1.3	30.0	26.1	13.0	7.0	47.1
7	16	8	7	9	9	7
0.6	6.8	1.8	1.2	0.8	0.6	2.0
0.02	0.04	0.05	0.07	0.04	0.05	0.06
0.10	0.32	0.14	0.23	0.14	0.15	0.17
130	120	190	210	150	160	76

調理

下準備は？

一般的に精肉店やスーパーでは、処理済みのものが売られているので、家庭ではもみ洗いをした後、熱湯でさっと茹で、水にさらしてから調理するとよいでしょう。

かたくて食べづらい？

調理する前に包丁の刃先で薄く線を入れるように、切れ目を入れておくと食べやすいでしょう。

冷蔵保存は？

副生物は、枝肉と違って酵素の働きが活発なため、変質や腐敗が早く進みます。色つやがよく、色鮮やかなものを選んだら、購入後は速やかに調理するようにしましょう。熱をしっかりと通すことが大切です。

栄養

ビタミンやミネラルが豊富

風味や食感が変化に富んでいる副生物。レバーは、たんぱく質、ビタミンA、B_2、鉄が多く、貧血気味の人にはよいでしょう。また、タンには、体力アップに欠かせないタウリンが豊富です。コラーゲンが多い「ショウチョウ」「ダイチョウ」も女性に人気の食材です。

食品成分表

うし・副生物 可食部100g当たり	A タン 生	C ハツ 生	E レバー 生	F ミノ 茹
エネルギー（kcal）	318	128	119	166
たんぱく質（g）	13.3	16.5	19.6	24.5
脂質（g）	31.8	7.6	3.7	8.4
カルシウム（mg）	3	5	5	11
鉄（mg）	2.0	3.3	4.0	0.7
ビタミン B_1（mg）	0.10	0.42	0.22	0.04
ビタミン B_2（mg）	0.23	0.90	3.00	0.14
コレステロール（mg）	97	110	240	240

副生物だが、牛肉を食べている実感がある部位。

タン

【TONGUE】
舌、牛タン

タウリン豊富な高級食材

牛の舌は「牛タン」と呼ばれ、網焼きや「タンシチュー」などに用いられる高級食材です。1頭から取れる量は約1〜2kg。栄養成分としてはタウリンが豊富です。肉質はかたいですが、脂肪が多く長時間煮込むとやわらかくなります。表面の皮は食べられないので、一般的には皮をむいたもの、スライスしたものが出回っています。

DATA

煮 焼

[主な用途]
タンシチュー、味噌漬け、網焼き など

[調理のポイント]
皮付きの場合、熱湯に1〜2分浸して、包丁の背で「タン」のつけ根から舌先に向けてこすって皮を取り除く。

[プレート]

付け根の部分は、霜降り状になっていて脂肪が多い。

TOPICS

先端と付け根部分では食味が違う

長さが約50cmほどもある「タン」は、舌の先端と付け根の部分では見た目も味も異なります。舌先にいくほど、スジっぽく筋肉質でかたく、付け根部分では脂肪が多くやわらかく、さっくりとした歯切れのよい食感です。

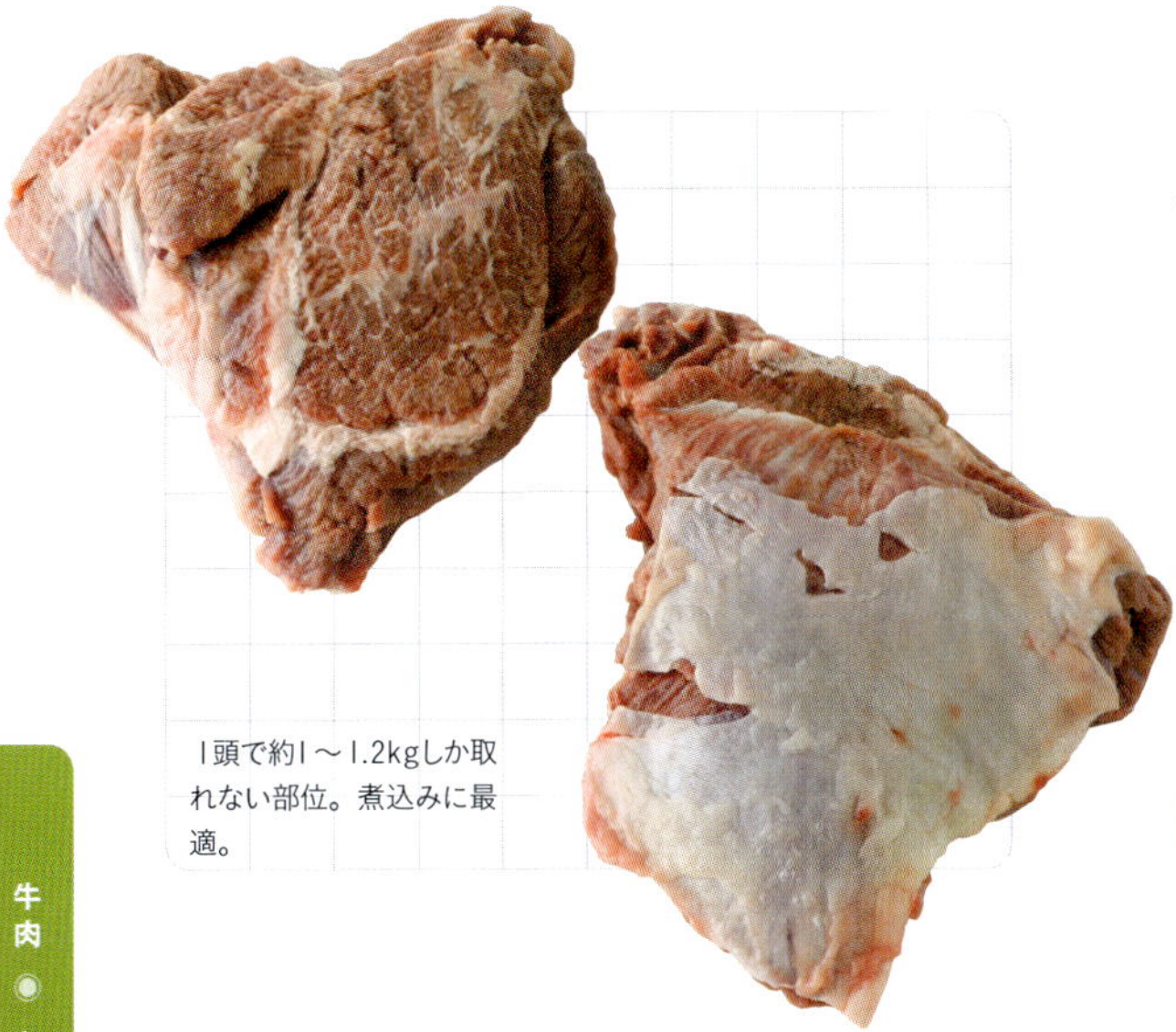

1頭で約1～1.2kgしか取れない部位。煮込みに最適。

かしら

【CHEEK AND SKULL MEAT】
ほほ肉、つらみ、天肉

煮込むほどに旨味がしみ出る

ほほとこめかみの部分の肉で、主に加工品の原料として利用されています。脂が多く味がよいので、「赤ワイン煮」などレストランメニューにも登場するようになりました。ゼラチン質がたっぷり含まれているので煮込むほどに肉の旨味が濃くなります。韓国ではスタミナスープ「ソルロンタン」に用いられます。

DATA

煮 蒸 湯

［主な用途］
煮込み、コンフィ、おでんなど

［調理のポイント］
煮込むときにたこ糸で肉をぐるぐると巻いておくと、煮崩れを防ぐことができる。

TOPICS

「ほほ肉」の赤ワイン煮

【材料】ほほ肉（かしら）…1kg、野菜（たまねぎ、にんじん、セロリ）…各1個、にんにく…1片、赤ワイン…1本、A（トマト缶、デミグラスソース…各1缶、ローレル…1枚、塩、胡椒…適量）

【作り方】①ほほ肉は大きめひと口サイズに切り、野菜は角切り、にんにくは包丁の背で潰す。②保存容器に❶を入れ塩をふり、肉が浸るほどの赤ワインに一晩浸ける。③翌日、肉だけを取り出して水分を拭き、塩・胡椒をして表面をフライパンで焼き、鍋に移す。④野菜もフライパンで炒めて、❸の鍋に移し、❷の赤ワイン、残りの赤ワイン、Aを加えて加熱する。⑤弱火で2～3時間煮込み、塩・胡椒で調味する。肉がやわらかくなったらでき上がり。お好みで茹でたじゃがいもなどを添えて。

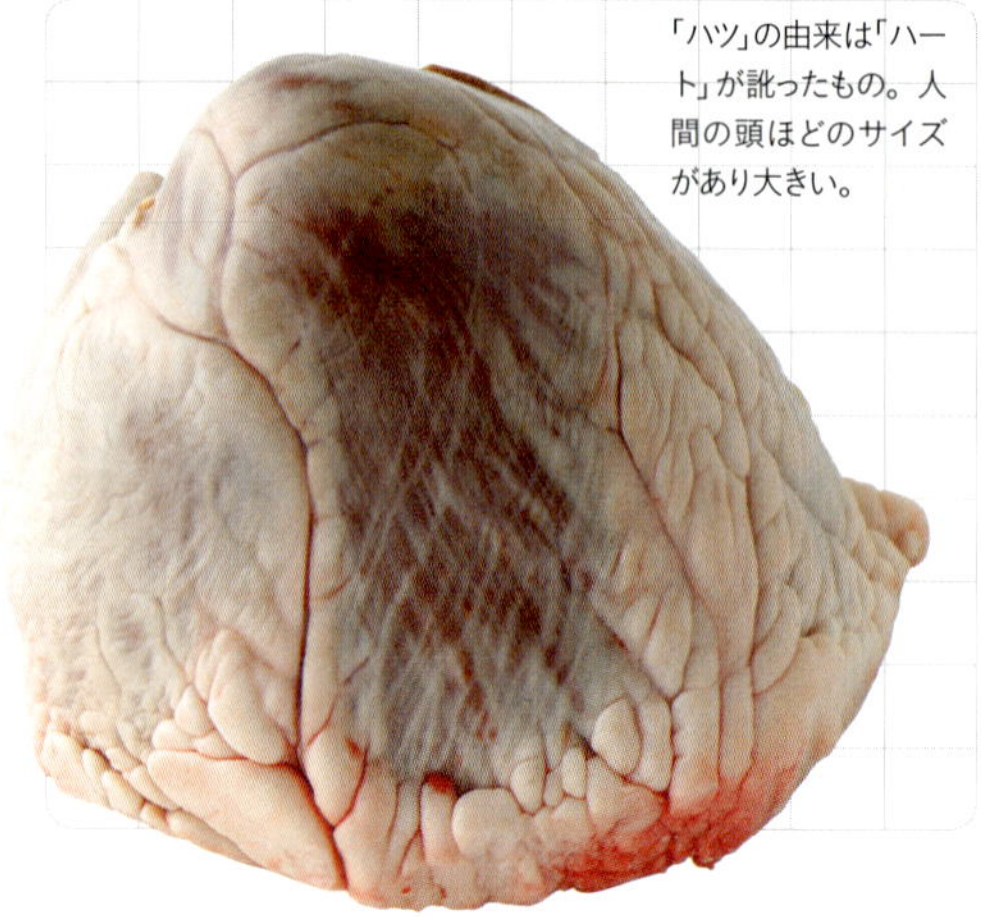

「ハツ」の由来は「ハート」が訛ったもの。人間の頭ほどのサイズがあり大きい。

ハツ

【HEART】
やさき、こころ

クセがなく食べやすい コリコリの歯ざわり

成牛では、重さが2kgもある牛の心臓です。くさみが少ないので、副生物の中でも比較的食べやすい部位と言えるでしょう。「ハツ」は筋繊維が細かいため、コリコリした歯ざわりが特徴です。また、たんぱく質とビタミンB_1、B_2、B_{12}などのビタミンB群や鉄が多く、月経中の女性や貧血のある人、またお疲れの人におすすめです。

DATA

煮 焼

[主な用途]
串焼き、焼肉、煮込み　など
[調理のポイント]
加熱し過ぎるとかたくなり、旨味がなくなるので注意。

TOPICS

「ハツ」の下処理

水洗いした後、縦に半分に割り、中の血の塊や筋、白い部分を取り除きます。塩水でもみ洗いをして十分に血抜きをし、水にさらしてくさみを取りましょう。さらに、香味野菜などを加えた湯で2時間ほど下茹でするとよいでしょう。

スライスしたパックなどの場合は、塩水でもみ洗い後、冷水にさらしてから調理しましょう。焼肉にする場合は、下処理をした「ハツ」を薄くスライスして、タレなどに30分以上漬け込んでから焼くとおいしくいただけます。

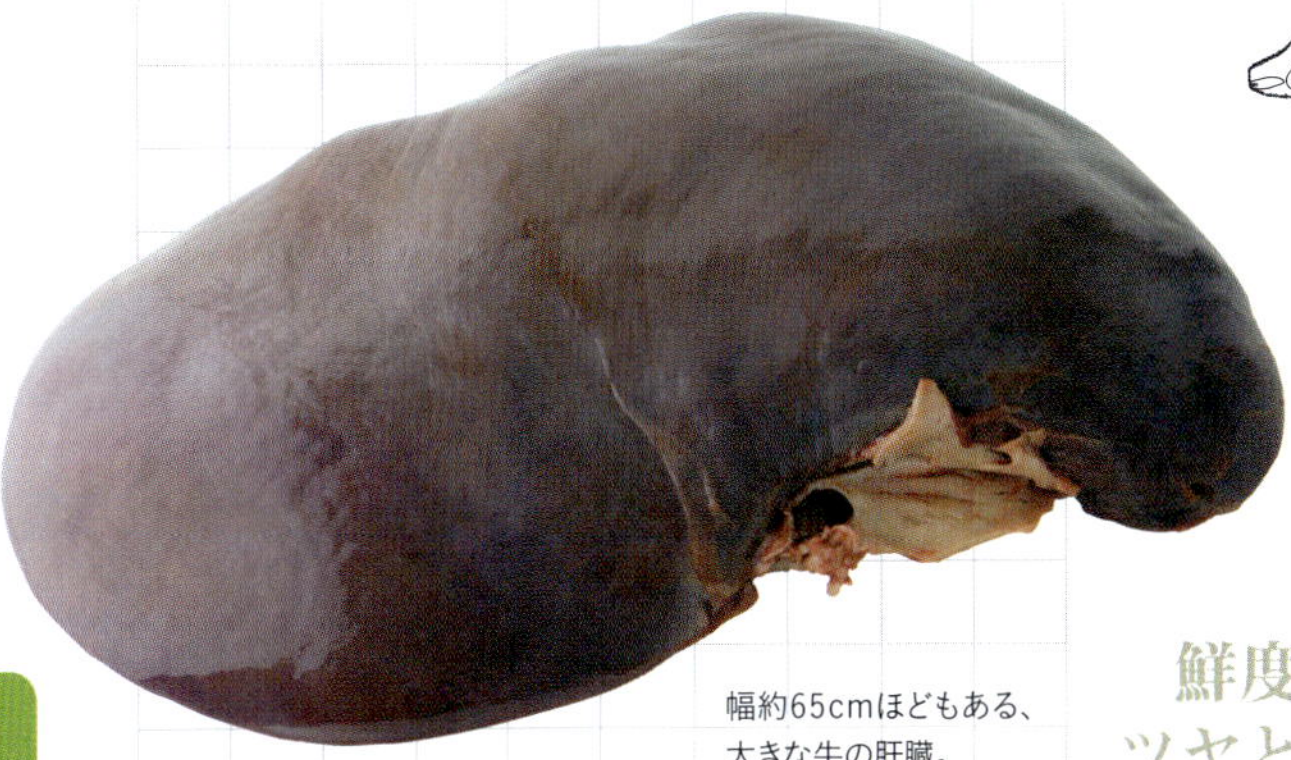

幅約65cmほどもある、大きな牛の肝臓。

レバー

【LIVER】

鮮度が命。色がよくツヤとハリのあるものを

栄養価の高い牛の肝臓です。たんぱく質、ビタミンA、B_2、鉄などのミネラルも豊富に含まれています。内臓の中でも最も大きく、重さは5～6kg。新鮮なものは鮮明な赤褐色、またはチョコレート色で弾力性に富んでいます。鮮度が落ちるとだれた感じになり、ハリがなくなります。肉質はやわらかく、独特のクセがあります。

DATA

煮 焼 揚

[主な用途]
炒め物、揚げ物、ロースト、パテ　など

[調理のポイント]
血抜きをし、しょうがやにんにくのすりおろし、酒、醤油などで下味を付けると食べやすくなる。

TOPICS

食肉の生食はNG

「レバ刺し」などによる食中毒の原因菌である「カンピロバクター」や「腸管出血性大腸菌（O157など）」は、少量の菌で食中毒を起こします。新鮮であっても、菌が付いている可能性のある食肉。生で食べれば、食中毒になることもあります。「新鮮だから大丈夫」と油断せず、しっかり加熱してから食べましょう。

・食肉の生食は控える。
・菌は熱に弱いので中心部まで十分加熱する。
・生肉を調理した後のまな板、包丁は、よく洗浄消毒する。
・焼肉をするときは、生肉の取り箸と食べるための箸を分ける。
・肉から出たドリップは、すぐ拭き取る。

牛の4つある胃のうち
約80%を占める。

ミノ

【RUMEN UNSCALDED】
サンドミノ、ガツ、ルーメン

歯ごたえが魅力
第一の胃

牛の4つある胃の第一の胃。見た目が蓑に似ていることから名付けられたと言われています。4つの胃の中で一番大きく肉厚で歯ごたえがあります。繊毛が密生していてかたいので、下準備では、皮をはいで包丁で切れ目を入れる作業が必要です。この胃の中でも特に厚くなった部分は「上ミノ」と呼ばれています。

DATA

焼

[主な用途]
焼肉　など

[調理のポイント]
焼き過ぎると乾燥してかたくなるので注意。タレに漬け込んで、味をしみ込ませる。

TOPICS

「ミノ」の下処理

生のまま購入した場合は、茹でます。塩をたっぷりふって、よくもみ洗いし、香味野菜を入れて水から圧力鍋で20～30分茹でます。一度湯を取りかえて、もう一度圧力鍋で10分ほど茹で、水に入れて冷まします。茹でたものは繊維がかたいので、包丁の刃先で薄く線を入れるイメージで切り目を入れるとよいでしょう。このとき、スジに直角に切り目を入れると歯ごたえがやわらかくなります。焼肉にする場合は、食べやすい大きさに薄く切り、焼き過ぎないように注意しましょう。

漂白されて真っ白いものもあるが、基本は黄色い。

ハチノス

【RETICULUM】
蜂巣胃、トライプ、トリッパ

煮込んでも残る食感
第二の胃

第二の胃のこと。胃の内壁の形が名の通り蜂の巣のようにひだになっていることから「ハチノス」と呼ばれています。下処理に手間がかかるものの、胃の中では最も味がよいと言われています。あっさりしていて食べやすく、独特な弾力感があります。煮込み料理やモツ焼きなどに利用される人気の部位です。

DATA

煮　焼

[主な用途]
煮込み　モツ焼き など
[調理のポイント]
煮込んでも独特な食感は変わらない。

TOPICS

トリッパの煮込み

「ハチノス」の代表的な料理、イタリアンの「トリッパの煮込み」。下処理した「ハチノス」を細く切り、たまねぎやにんにくと一緒にオリーブオイルで炒めます。白ワイン、ホールトマト、固形スープ、ローレルを入れて煮込みましょう。塩、胡椒で調味し、パセリや粉チーズを加えてでき上がり。

TOPICS

「ハチノス」の下処理

生のまま購入した場合は、2～3回茹でこぼします。洋食はハーブ、レモン、香辛料で、中華は香辛料にて茹でこぼした後、調理をはじめましょう。

写真は、センマイを半分に開いて内側を見せている状態。無数のひだが見える。

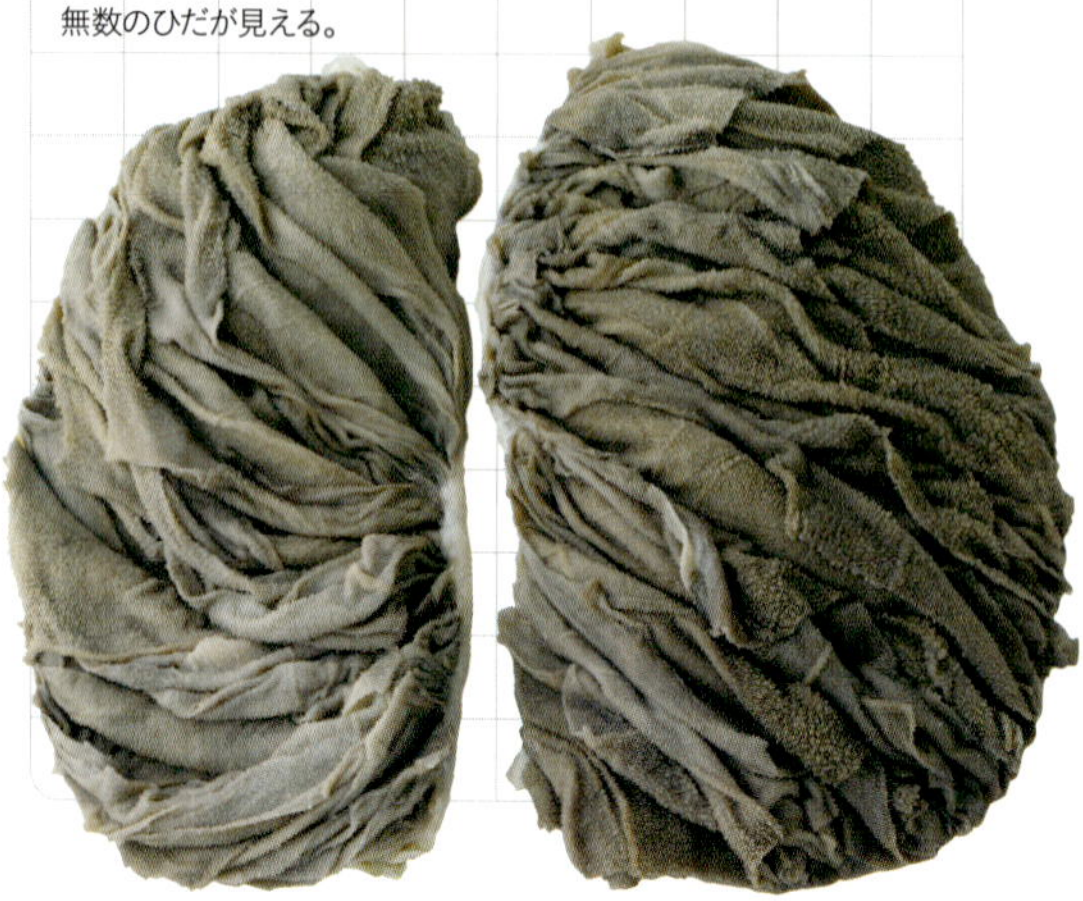

センマイ

【OMASUM】
千枚

鉄分や亜鉛が多い第三の胃

内壁に深いひだと無数の突起があり、まるで布切れを千枚重ねたように見えることから名付けられた「センマイ」は、牛の第三胃です。特有の歯ざわりがあり、脂肪が少なく、鉄分や亜鉛を多く含みます。グレーの皮をむいて茹でて、丁寧に下処理をすると、白く、シャキッとした噛みごたえのある肉が見えてきます。

DATA

煮　焼

[主な用途]
煮込み、和え物、炒め物 など

[調理のポイント]
ひだの間を丁寧に洗い流し、残留物は水できれいに流し取る。

TOPICS

「センマイ」の酢味噌和え

茹でて細かく切った「センマイ」を冷やしておきます。味噌と醤油、粉末唐辛子、酢、砂糖を合わせて酢味噌を作り、食べる前に和えます。お好みでねぎやすり胡麻を入れてもよいでしょう。

TOPICS

茹でたものが売っている

「センマイ」は、下処理をすませ、茹でて細切りにしたものを購入できるので、そのまま使えますが、たっぷりの熱湯にさっと通し、氷水にさらすなどしてから調理するとよいでしょう。

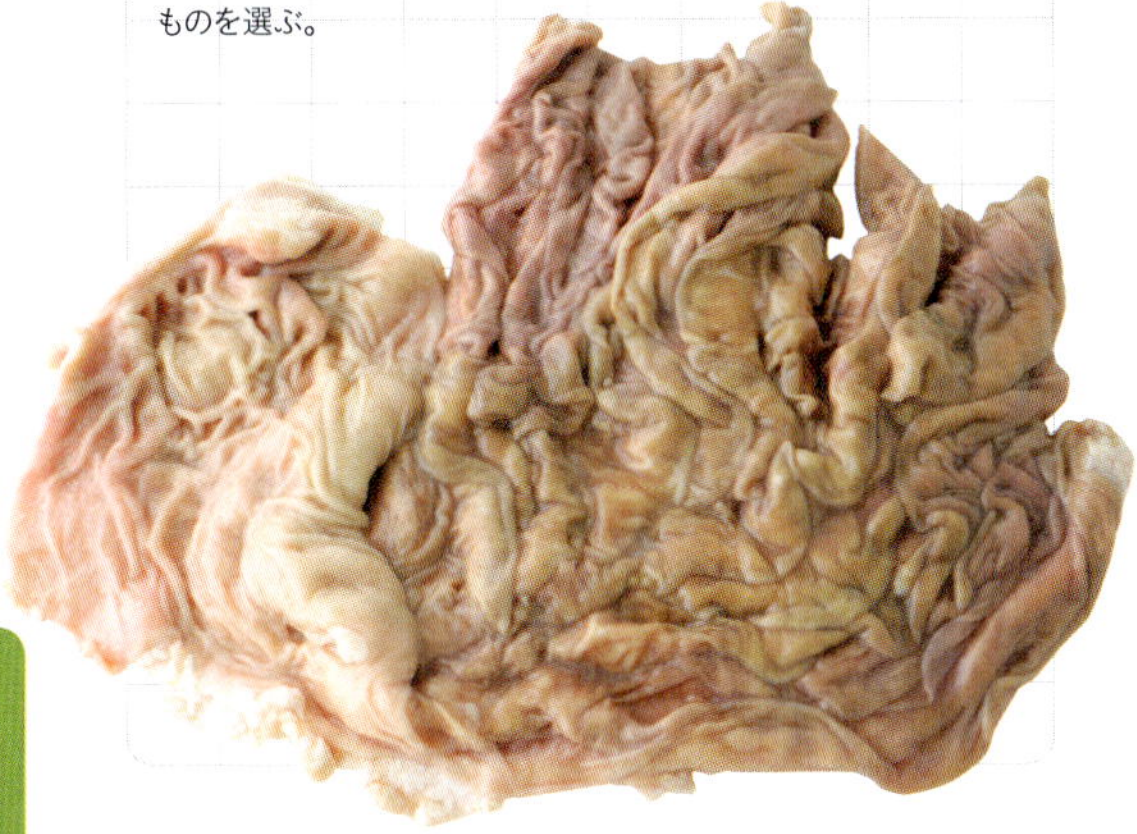

脂がこってりのっているものを選ぶ。

ギアラ

【ABOMASUM】
赤センマイ、アボミ

やわらかくて薄い第四の胃

「アカセンマイ」とも呼ばれる牛の第四胃「ギアラ」。表面の黄白色に比べて内面が赤いのでこう呼ばれています。第一から第三の胃に比べて表面がなめらかで薄く、やわらかいのが特徴です。大きなひだの表面のぬめりをきちんと取ると、旨味が増して口当たりもよくなります。全体的に脂肪が多く、濃厚な味わいです。

DATA

煮 焼

[主な用途]
煮込み、焼肉 など

[調理のポイント]
裏面に隠し包丁を入れておくと火の通りがよく、食べやすい。

TOPICS

「ギアラ」の語源は？

「ギアラ」の語源には二説あります。ひとつは「偽の腹」の意味で「偽腹（ぎばら）」が訛ったという説。もうひとつは、米軍基地で働いていた人が報酬代わりにもらっていたことから「ギャラ」が訛ったという説。さて、どちらが正しいのでしょう。

TOPICS

「ギアラ」の下処理

生のまま購入した場合は、2～3回茹でこぼします。洋食はハーブ、レモンや香辛料で、中華は香辛料にて茹でこぼした後、さらに茹でてから塩水にとって洗い、ぬめりを充分に取り除きましょう。くさみが減少し、旨味が増します。

ハラミ

【DIAPHRAGM】
アウトサイドスカート

ハラミ
横隔膜の中心部分の肉。

肉の厚いものは、スカートステーキと呼ぶ。

焼肉には最適な大人気の副生物

TOPICS

エネルギーが「カルビ」より低い？

適度な脂肪分がやわらかくコクがある「ハラミ」は、見た目も「カルビ」に似ていておいしいけれど、やはり副生物です。「カルビ」に比べるとエネルギーが低くヘルシーです。カロリーを気にする方におすすめです。

DATA

煮 焼

[主な用途]
焼肉、シチュー、カレー など

[調理のポイント]
赤身を包む皮（脂）を取り除いてから、切り分ける。

腹

腔の内壁に付いている横隔膜の腹側の肉のことで、関東では「ハラミ」と「サガリ」を区別せず、どちらも「ハラミ」と呼ばれています。一般的に「ハラミ」は横隔膜のうち上部のことで、上質になるほど肉厚があり、霜降り状にサシが入るのが特徴です。一方、「サガリ」は、横隔膜の腰椎に近い部位(下部)のことで、肉質がやわらかく、適度な脂肪があるので、焼肉に用いられます。人気のある部位で、どちらもステーキや焼肉に最適です。

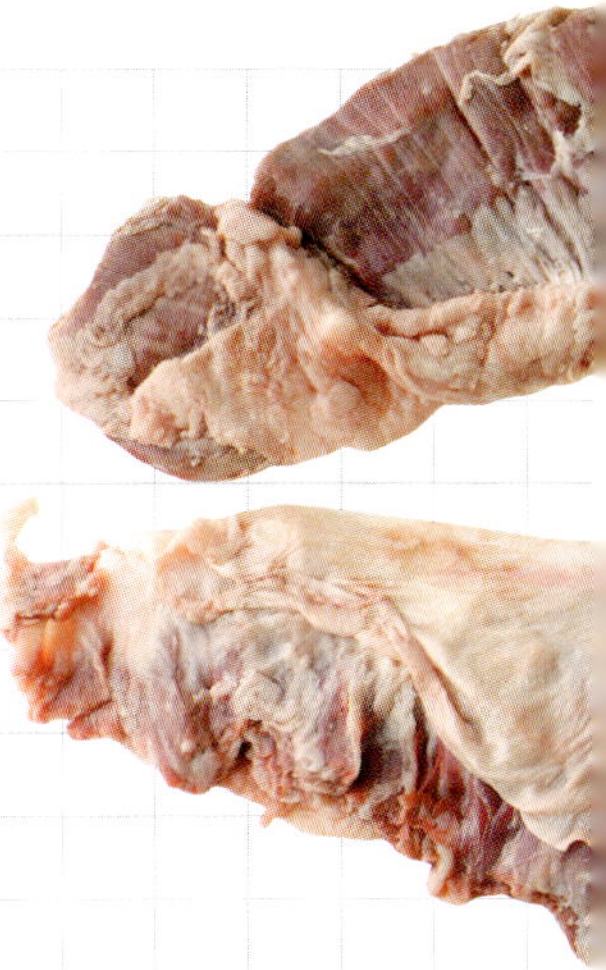

サガリ

【HANGING TENDER】

バベット

見た目は肉だが、内臓(副生物)の種類に入る。

TOPICS

焼肉に「梨入りつけダレ」

おすすめの「梨入りつけダレ」レシピです。梨とにんにくをすり下ろし、醤油、酒、砂糖、みりんを煮詰めた調味液に合わせて冷蔵庫で冷やします。焼肉のつけダレにすると、あっさりとして旨味を引き立てます。

TOPICS

「梨」と「牛肉」の相性

秋が旬の「梨」。出回る季節になったら、ぜひ肉料理の付け合わせに加えてください。「梨」には酵素が含まれていて、肉をやわらかくし、さらに肉の消化を助けてくれます。千切りにしてサンチュで焼肉と一緒に食べてもおいしいです。

牛の腸の長さは、体長の20倍と言われている。

ショウチョウ

【SMALL INTESTINE】
ヒモ、まるちょう、コプチャン、小腸

ほかの内臓より かたく脂肪が厚い

大腸より薄くて細い「ショウチョウ」は、形が似ていることから「ヒモ」とも呼ばれています。ほかの内臓に比べてかたく、脂肪が厚いのが特徴です。通常は茹でてぶつ切りにしたものが大腸と一緒に「モツ」として売られています。内壁をよく洗浄するなど下処理をして、じっくり煮込むとおいしく食べられます。

DATA

煮　焼

［主な用途］
つけ焼き、煮込み など

［調理のポイント］
下処理をしたら、輪切りにすると、トロッとした脂肪を逃さず調理できる。

TOPICS

「ショウチョウ」の下処理

「ショウチョウ」は内側に脂肪があるため、丁寧に取り除きます。さらに、塩でもみ洗いをして、熱湯を注ぎ特有のくさみを取ります。３～５cm長さに切り、一度熱湯で茹でこぼした後水洗いし、さらにねぎやしょうがなどの香味野菜などを加えて熱湯で１時間ほどやわらかくなるまで茹でましょう。市販のものは、脂肪を大方取り除いて、茹でてあるので、ざっと熱湯で流すだけでよいでしょう。

また、肉がある程度やわらかくなったら、根菜と一緒に醤油や赤味噌を加えた汁物にしてもおいしくいただけます。

焼肉店で人気の「テッチャン」はこの部位をぶつ切りにしたもの。

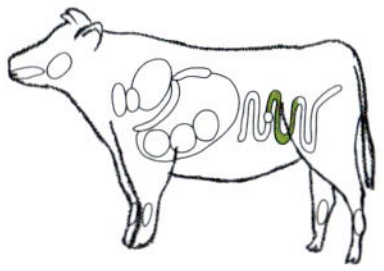

ダイチョウ

【LARGE INTESTINE】
シマチョウ、テッチャン、ホルモン、大腸

脂肪は濃厚だがあっさりとした食味

「ショウチョウ」に比べると厚い牛の大腸は、かたいので、下処理などで長時間煮る必要があります。通常は茹でてぶつ切りにしたものが小腸と一緒に「モツ」として売られています。炒め物や味噌煮などでおいしくいただけます。不飽和脂肪酸の比率が高いので、枝肉の脂とは違いあっさりしているのも特徴です。

DATA

煮　焼

［主な用途］
炒め物、煮込み、焼肉 など

［調理のポイント］
脂が気になるときは、包丁の背で削ぐようにして取り除く。

［プレート］

焼肉用には少し大きめにカットして、ムチムチした噛みごこちを楽しもう。

TOPICS

「シマチョウ」「テッチャン」とは？

「シマチョウ」は、大腸が縞模様という見た目からの名付けられました。また、「テッチャン」とは、朝鮮語で大腸のことを指します。「ホルモン」と呼ぶこともあります。

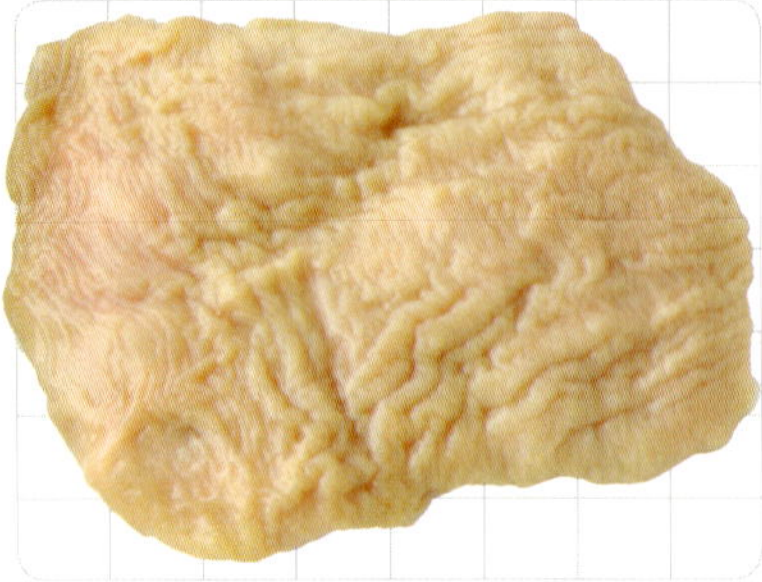

チョクチョウ

【RECTUM】

テッポウ、直腸、オカマ

腸の中でも脂肪が少ない

牛の直腸です。開いた形が鉄砲に似ているため「テッポウ」とも呼ばれています。脂肪が少ないのが特徴。リオナーソーセージやレバーソーセージのケーシングの材料として使用されています。

DATA

煮 焼

[主な用途]

ソーセージ、煮込み、焼肉 など

[調理のポイント]

かたいので小さく切る。煮込みに適している。

モウチョウ

【CECUM】

盲腸、大テッチャン、メンチャン

ソーセージのケーシングに

牛の盲腸は長く、主に、煮込みに用いられますが、仔牛の盲腸はソーセージのケーシングとしても利用されています。「ショウチョウ」「ダイチョウ」と同様にかためで、煮込めば独特の風味と歯ごたえが楽しめます。

DATA

煮

[主な用途]

煮込み、ソーセージ など

[調理のポイント]

下処理をした後、長時間煮込むことでやわらかくなる。

日本では主にオーストラリア産やカナダ産のものがほとんど。

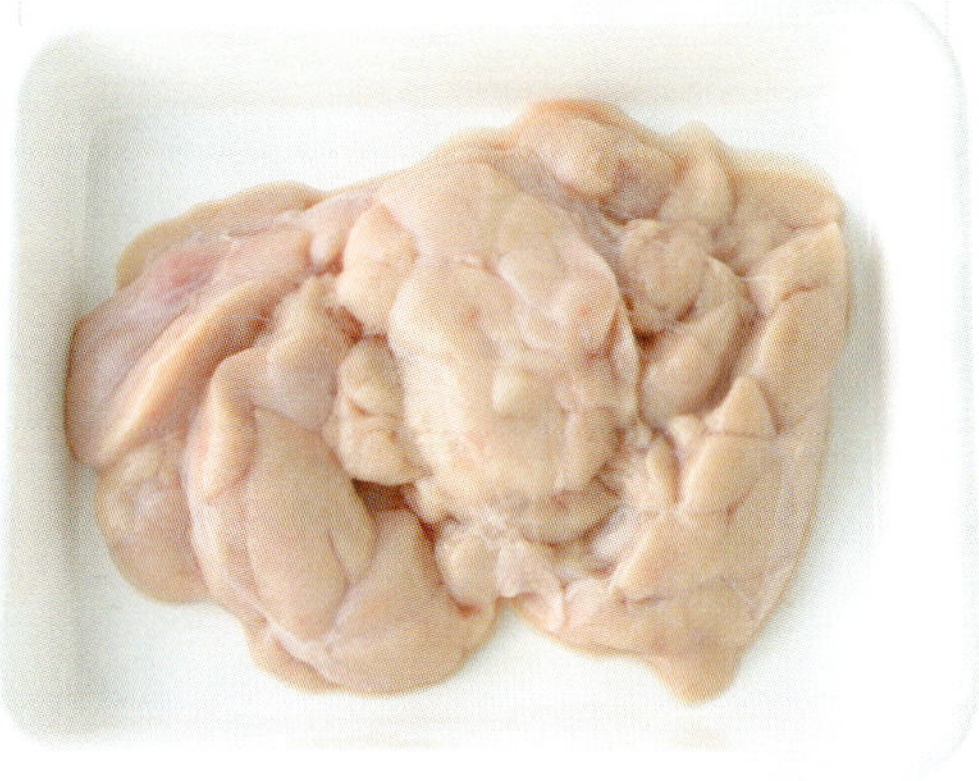

リード・ヴォー

【SWEET BREAD】
胸腺肉

口の中でとろける ジューシーな食感

仔牛の胸腺肉のこと。胸腺は成長すると退化して小さくなるため、仔牛のものに限られています。牛の健康状態などにより必ずしも取れる部位ではないため、希少部位と言われています。トロッとまったりする食感は独特で、フランスでは「リード・ヴォー」と呼ばれ、「カツレツ」に用いられます。

DATA

煮 蒸 焼 揚 挽 湯

［主な用途］
カツレツ、煮込み、ソテー　など

［調理のポイント］
1～2時間水にさらして血抜きをする。熱湯で下茹でして水気を拭き取る。

TOPICS

「仔牛肉」について

「仔牛肉」とは、通常生後10か月未満の牛を言います。成牛に比べるとあっさりとした味で、肉質もきめが細かくやわらかいのが特徴です。また、肉の色は白く、高たんぱく、低脂肪、低エネルギーなためヘルシーな牛肉というイメージがあります。イタリア料理では、「仔牛肉」を使った料理が多く、よく使われる部位は、「ロース」「かた」「もも」「骨付きすね肉」などで、副生物では、胸腺肉の「リード・ヴォー」、肝臓「レバー」、腎臓「マメ」などが用いられます。また、仔牛の骨や骨付きすね肉でとったソース・ベースは、「フォン・ド・ヴォー」と呼ばれ、フランス料理の基本的なだしとして使われています。

牛肉 ◉ リードヴォー

とてもかたい部位なので、充分に下処理が必要。

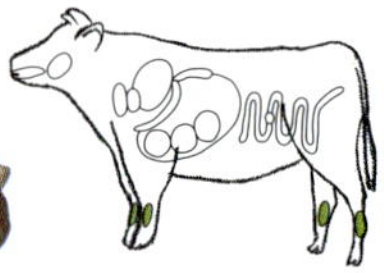

アキレス

【ACHILLES TENDON】

おでんに入れると美味 プルプルの食感

後肢の膝下にあるアキレス腱のことを言います。腱は長時間加熱するとコラーゲンが溶け出し、やわらかくゼラチン状になるため、煮込み料理やおでんの材料として用いられています。「アキレス」は家庭では切るのが難しいので、食べやすいサイズにカットされているものを選びましょう。よく煮込むとプルプルの食感が楽しめます。

DATA

煮

［主な用途］
おでん、煮込み など

［調理のポイント］
おでんの具にするときは串に刺して薄いおでんだしで煮込む。

TOPICS

「アキレス」をやわらかくするには？

圧力鍋を使うのがおすすめです。熱湯で10分ほどに茹で、アキレスをよく洗います。圧力鍋にかぶるくらいの水とアキレス、ねぎとしょうがを入れて1時間加圧し、一度湯を捨てて鍋を洗います。アキレスを適度な大きさに切り、さらに圧力鍋20分ほど加圧します。

TOPICS

「アキレス」が犬のおやつに？

「アキレス」をジャーキー状態に加工した物が、犬のおやつとして販売されています。くり返し噛むことで犬の歯茎をマッサージするというもの。噛みごたえを楽しむことで、犬のイライラを発散できるとか!?

骨付きなので鮮度が落ちやすい。主にスープを取る材料として利用する。

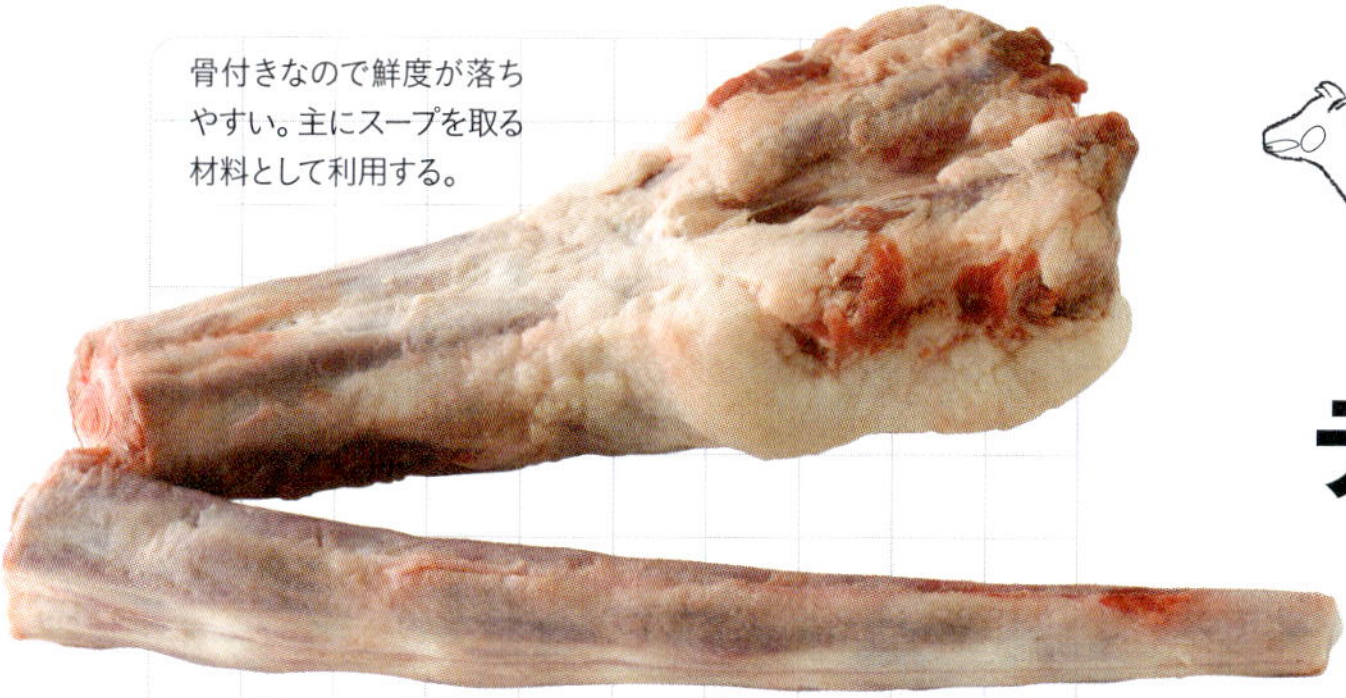

テール

【TAIL】
尾

スープに溶け出した脂肪が旨味たっぷり

コラーゲンが多い牛の尾の部分です。長さ60cm以上あり、太さは根元の部分で10cmほど。4～5cmの骨が繋がっているので、関節で切り離して使います。通常は、関節ごとに切ったものが売られているので、カットされたものを利用しましょう。長時間の加熱でコラーゲンがゼラチン化し、やわらかくてよい味となります。

DATA

煮 湯

[主な用途]
スープ、煮込み、シチュー など

[調理のポイント]
氷水に浸して血抜きをする。

TOPICS

「テールスープ」に

下処理済みのものは、煮込む前に、熱湯で色が変わるまで茹で、水にとって余分な脂を洗い流します。4時間以上煮出すと、ゼラチン質や旨味が充分に出ておいしいスープに（105ページ参照）。

[プレート]

「テール」は意外と脂肪が多いので、余分な脂肪を落として調理する。

COLUMN

調理ポイント◉焼く

もっともシンプルな肉の調理法だからこそ、
注意が必要です。肉の部位や温度、
調理器具は何を使うかなど、
肉の状態を見きわめて、おいしく焼き上げましょう。

ステーキ肉は室温に戻してから焼く

冷たい肉を熱いフライパンに入れると焦げつきやすく、また、ミディアムレアで焼けても実は生っぽいということがあります。ステーキ肉は30分くらい前に冷蔵庫から出して室温に戻すとよいでしょう。冷凍肉は、冷蔵庫のチルドルームで１日ほど解凍し、それから室温に戻すとおいしく焼くことができます。

肉は「表」から焼く

サーロインやロース肉で例を挙げると、「表」とは右側と上に脂が寄っている面を言います。鶏肉は皮側が「表」です。

牛サーロインはこの面が表側。

フライパン加熱に注意

鉄製の場合は充分に熱してから油を敷き、肉を入れます。最近主流のテフロンパンは、あまりフライパン加熱を行うとテフロン加工が取れてしまうので注意しましょう。

網焼き、フライパン、オーブンのおいしさの違いは？

「網焼き」のよさは、肉自体が焦げることで風味が出るということ、余分な脂が落ち、また落ちた脂が焦げることでスモーク状になり香ばしくなります。肉の旨さは脂によると考えると、「フライパン」を用いる場合は、肉から出た脂を利用して焼くことで、おいしさを倍増させることができるでしょう。「オーブン」を使うよさは、なにより肉のやわらかさがアップすることです。直火で肉を焼くと、肉は水分を失いかたくなります。ところが、オーブンは、熱を利用する調理法なので、水分や旨味を肉の中に閉じ込めることができるのです。

第2章

豚肉

【PORK】

豚の種類

「三元豚」とはどんな豚？

世界の豚の品種は４００～５００種とも言われています。日本の肉用豚の８割以上は、大ヨークシャー種など６品種のうち、３～４品種を交配させた交雑種で、「三元豚」「四元豚」などと呼ばれます。

□大ヨークシャー種…イギリス原産。毛色は白で、大型、発育も早い。赤身と脂肪の割合が適度で、良質なベーコンの素材にもなる。

□中ヨークシャー種…イギリス原産。毛色は白で、胴に幅と厚みがあり皮下脂肪が厚い。大ヨークシャー種よりひと回り小さい。

□バークシャー種…イギリス原産。毛色は黒だが、顔、尾の先端、四肢の先端が白く、「六白」とも。国内で「黒豚」と呼ばれるのはこの品種のみの純粋種。肉質・脂肪質ともに優れている。

□ランドレース種…デンマーク原産。毛色は白で、長い胴とたれた耳が特徴。脂肪が少なく、赤身が多い。

□デュロック種…アメリカ原産。毛色は赤褐色で、折れた耳が特徴の大型豚。肉質は脂肪が多く、やわらかい。

□ハンプシャー種…イギリスのハンプシャー州から輸出された豚をアメリカで改良した品種。毛色は黒で白斑がある。

TOPICS

「銘柄豚」と「SPF豚」の違いは？

豚肉は、交雑種が基本なため、おいしい肉質を求めて数種類の豚を交配させるのですが、なかでも、各地の生産・出荷団体が独自の生産方法で育てた豚肉に流通上名前を付けたものが「銘柄豚」または、「ブランド豚」と呼ばれています。

一方、「SPF豚」とは、豚の品種ではなく、豚がかかりやすい5つの病気にかかっていないか飼育過程で健康状態をチェックし、さらに一定の飼育基準をクリアした豚に表示されます。「無菌豚」とは異なります。

格付け

豚肉にも「格付け」はあるの？

豚肉の「格付け」では、枝肉の重量と背脂肪の厚さ、外観、肉質（肉のしまり・きめ、肉の色沢、脂肪の色沢と質、脂肪の沈着）の条件によって等級が決められています。豚肉は、「極上」「上」「中」「並」「等外」の5等級に格付けされます。これは、社団法人日本食肉格付協会が国の承認を得て定めた「枝肉及び部分肉取引規格」に基づいて決められている流通上の格付けです。

しかし、実際には精肉店やスーパーで私たちが豚肉の等数を目にすることはほとんどありません。牛肉ほど等級に差がないことが理由です。そのため、等級などを入れる義務がないので、ほとんどの場合が省略されています。

TOPICS

おいしい豚肉の選び方は？

豚肉は、牛肉に比べて日持ちがしないので、鮮度のよいものを選びましょう。特にこま切れ肉や薄切り肉のように、カットされた豚肉は断面から鮮度が落ちやすいので注意します。

よい豚肉の条件は、やわらかく赤身に適度な脂肪交雑があること。きめが細かくよくしまっているものがよいでしょう。また、鮮度のよい豚肉は、淡いやや灰色がかったピンク色で、鮮明で光沢のあるものが上質と言われています。鮮度が落ちると灰色が強くなり、さらに劣化が進むとやや青みを帯びてきます。パックで売られているものは、ドリップ（肉汁）が出ていないものを選ぶことが大切です。購入した肉は、冷蔵庫で約3日程度を目安に消費しましょう。

豚の枝肉

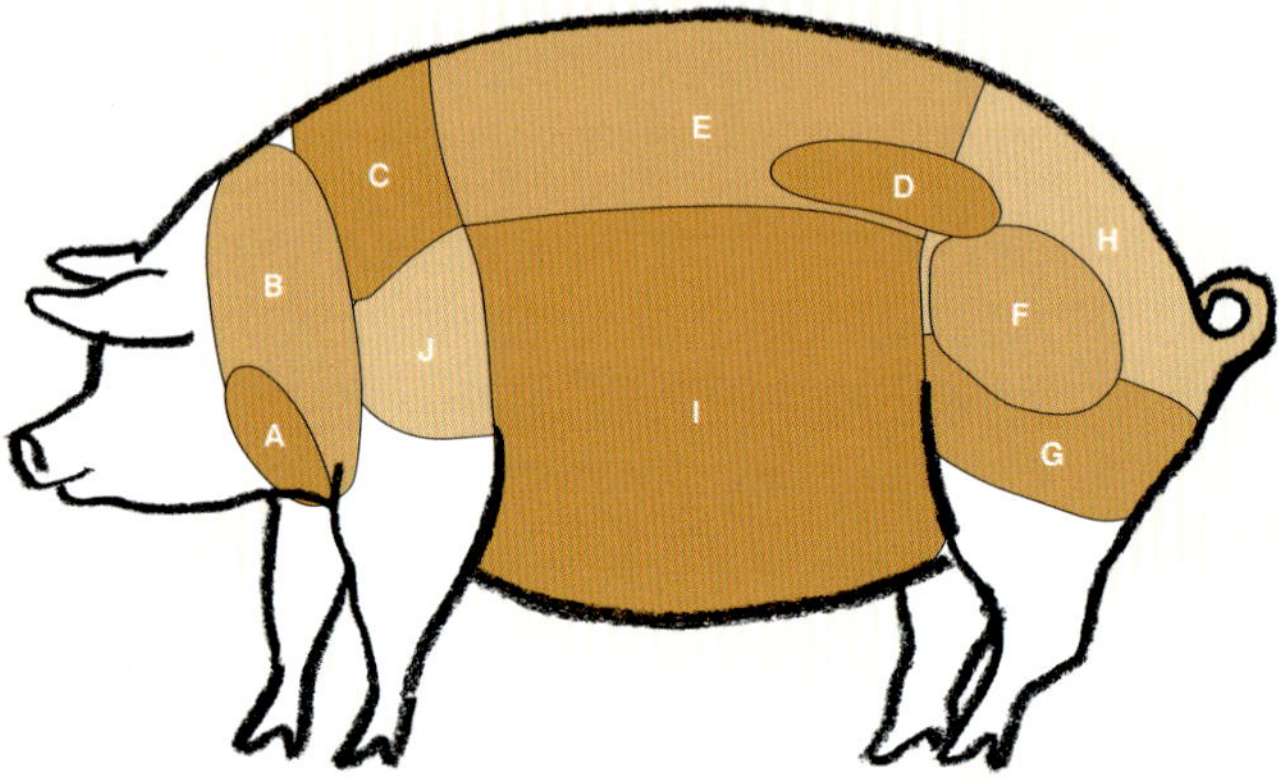

栄養

疲労回復によいビタミンB_1が豊富

豚肉に含まれるビタミンB_1は牛肉や鶏肉の5～10倍で、特に、ヒレ肉やもも肉に多く含まれています。B_1は糖質の代謝に関わる栄養素で、疲労回復などに役立つので、甘党の人やお酒が好きな人、激しいスポーツをした後などは、取り入れるとよいでしょう。

調理

厚みのある肉は？

豚肉は用途によって肉の厚みが異なります。厚みのある肉を調理する場合は、調理前に冷蔵庫から出し、室温に戻しておきましょう。肉の温度が低いと、中まで火が通りにくく、加熱時間がかかり、風味が落ちやすくなります。

スジ切りは必要？

肉と脂肪層の間にあるスジを切らずに調理をすると、火が通りにくく、仕上がりの形も悪くなります。特にロース肉などは、調理前に包丁の先で２～３cm間隔でスジを断ち切ってから調理しましょう。キッチンバサミを使うと簡単にできます。

加熱するとかたくなるときは？

もも肉やヒレ肉など脂肪が少ない肉質は、加熱すると肉がしまってかたくなりがちです。調理する前に、肉叩きやすりこ木を使って肉を叩いて繊維を潰し、肉の厚さを均等にしておきましょう。

冷蔵・冷凍保存は？

冷蔵庫での保存は、３日程度が目安です。挽肉は傷みが早いので、１～２日で使い切るようにしましょう。また、冷凍庫での保存は、約１か月が目安です。冷蔵室に移動して半解凍にするか、急ぐときは室内に出して解凍するとよいでしょう。

食品成分表

ぶた・大型種 可食部 100g 当たり	B かた 脂身つき、生	C 肩ロース 脂身つき、生	D ヒレ 赤肉、生	E ロース 脂身つき、生	F もも 脂身つき、生	H そともも 脂身つき、生	I バラ 脂身つき、生
エネルギー (kcal)	201	237	118	248	171	221	366
たんぱく質 (g)	18.5	17.1	22.2	19.3	20.5	18.8	14.4
脂質 (g)	14.6	19.2	3.7	19.2	10.2	16.5	35.4
カルシウム (mg)	4	4	3	4	4	4	3
鉄 (mg)	0.5	0.6	0.9	0.3	0.7	0.5	0.6
ビタミン B_1 (mg)	0.66	0.63	1.32	0.69	0.90	0.79	0.51
ビタミン B_2 (mg)	0.23	0.23	0.25	0.15	0.21	0.18	0.13
コレステロール (mg)	65	69	59	61	67	69	70

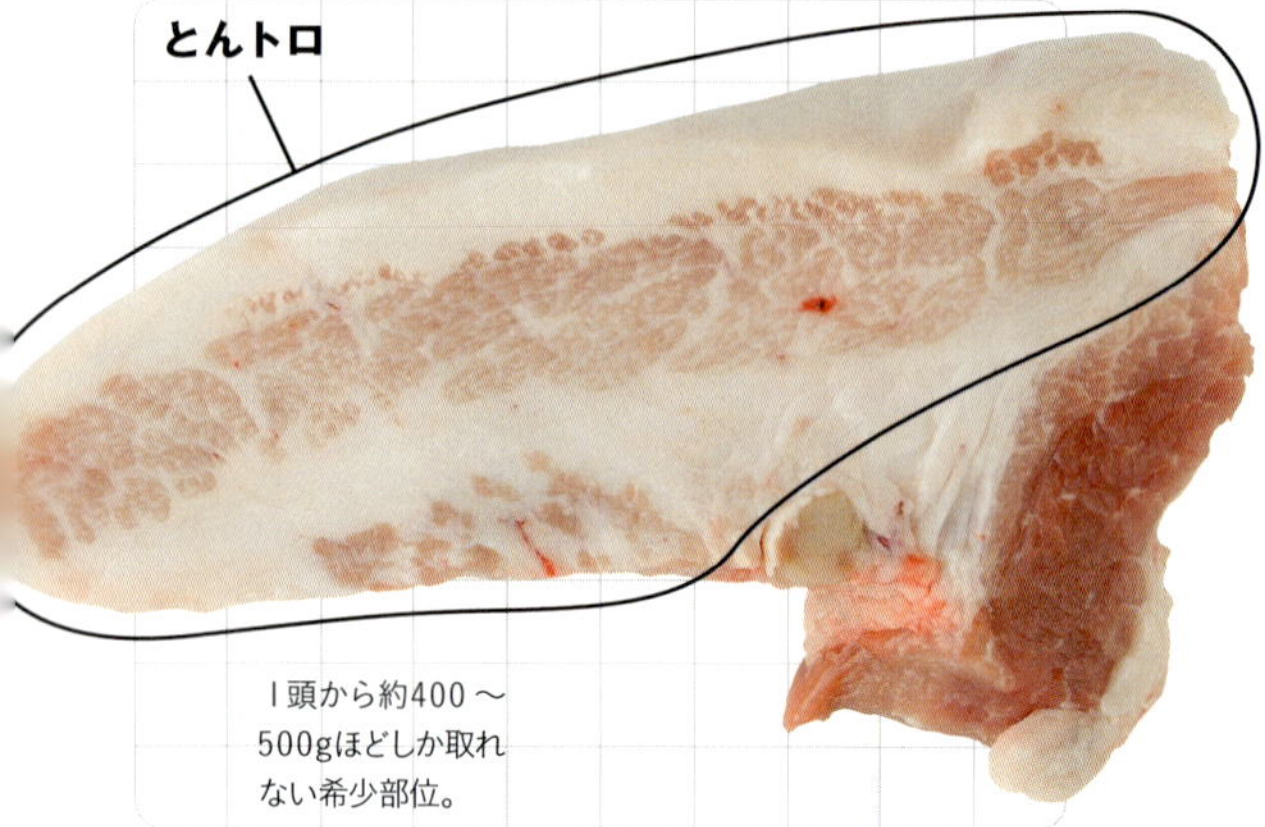

1頭から約400～500gほどしか取れない希少部位。

ネック

【NECK】
とんトロ、Pトロ、
首肉、ジョールミート

脂の口どけを楽しむ

肩部分の首に近い肉で、その一部が「とんトロ」と呼ばれます。赤身と脂肪が層をなし、脂肪をたっぷりとまとったピンク色の肉質は、口に入れるととろけるような食感ですが、歯ごたえもあり味は意外にさっぱりとしています。フランスやイタリアでは、パテやソーセージ用のファルスとしても幅広く使われています。

DATA

煮　焼　挽

［主な用途］
焼肉、ソーセージ、つくね、煮込み、挽肉　など

［調理のポイント］
焼き過ぎると脂肪が縮んでかたくなるので注意。

TOPICS

焼きとんに「ねぎ塩ダレ」

ねぎのみじん切り（白い部分１本分）、おろしにんにく（１片）、塩（小さじ1）、白ごま（大さじ1）、ごま油（1/2カップ）を鍋に入れて、弱火で１分ほど炒めて、粗熱をとる。お好みで陳皮（みかんの皮の干したもの）を加えたり、レモン汁を入れても。

TOPICS

焼肉店で人気の「とんトロ」

名前の通り、まぐろのトロのように脂が多く、口どけがよいのが魅力です。ただし、脂肪が多い分、カロリーも高め。フライパン調理する場合は、焼くと出てくる余分な脂をキッチンペーパーで拭き取りましょう。

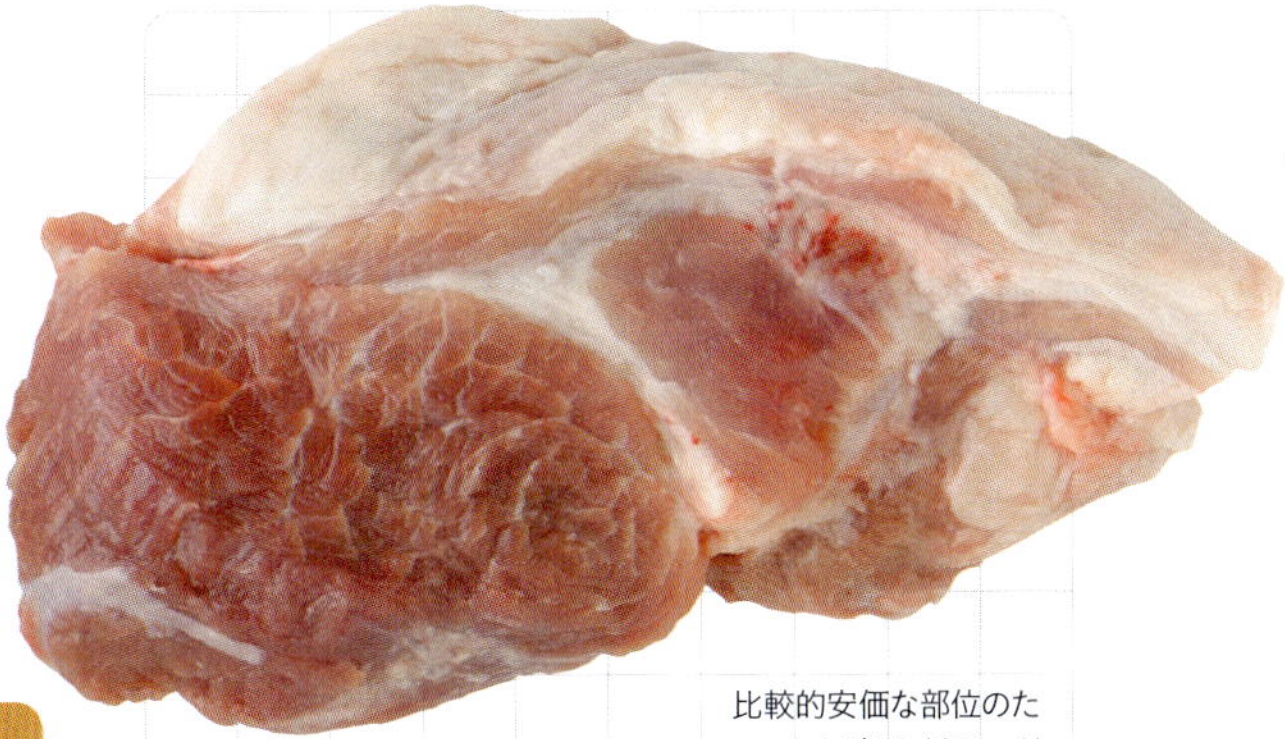

比較的安価な部位のため、さまざまな料理に利用しよう。

かた

【PICNIC】
うで

筋肉質でややかたい赤身肉

よく運動する部分のため、肉のきめはやや粗くかためです。よく動かす筋肉中に含まれるミオグロビンやヘモグロビンなど色素たんぱく質により、肉色はやや濃いめです。筋肉の間に脂肪を含み、長時間煮込むことでよい味が出ます。シチューや煮豚などの調理に、また、塩漬けや挽肉など加工品にも用いられます。

DATA

煮 焼 挽

[主な用途]
シチュー、ポークビーンズ、挽肉、煮豚など

[調理のポイント]
炒めるときは、できるだけ薄切り、煮込むときは角切りを使う。

TOPICS

肉汁には コラーゲンたっぷり

かた肉は、長時間とろ火（80℃）で煮込んだり、圧力鍋を使うとコラーゲンがゼラチン化してやわらかくなります。シチューやカレーなど、煮汁をそのまま使うレシピによいでしょう。

[ブロック]

塊肉は煮豚に。たこ糸で縛って形を整えることで太さが揃い、火の通りが均一に。

豚肉の中では最も扱いやすい部位。豚肉らしい旨味が強い。

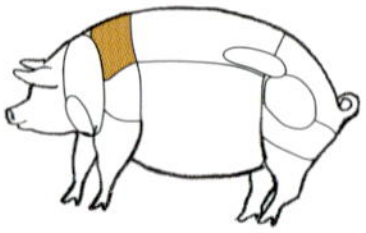

肩ロース

【BOSTONBUTT】
カラーミート

豚肉には珍しく脂肪交雑がある部位

赤身肉の中に脂肪が粗い網状に混ざり、きめはやや粗くかためです。たんぱく質、ビタミンB_1、B_2が多く、コクのある濃厚な味で、豚肉らしい脂の香りが強い部位です。塊肉、角切り、薄切りなどいろいろな料理に対応できます。ネックに近いほどかたくなるので、厚切りには適しません。挽肉や煮込み用に使いましょう。

DATA

煮 蒸 焼 揚 挽

[主な用途]
カレー、チャーシュー、しょうが焼き、酢豚、挽肉　など

[調理のポイント]
赤身と脂肪の境にあるスジを切ってから調理する。塊肉を使う場合は、中までしっかりと火を通すこと。

[ブロック]

肩のロース部分、肩から上腕部にかけての肉。見えているのは、ロース側の断面。

TOPICS

「切り落とし」と「こま切れ」の違いは？

どちらも肉の切れはしを集めたもので違いはありません。一般的に「切り落とし」は、単体の部位肉の切れはしを集めたもの、「こま切れ」はももやバラなど複数の部位肉の切れはしを集めたものと使い分けられているようです。

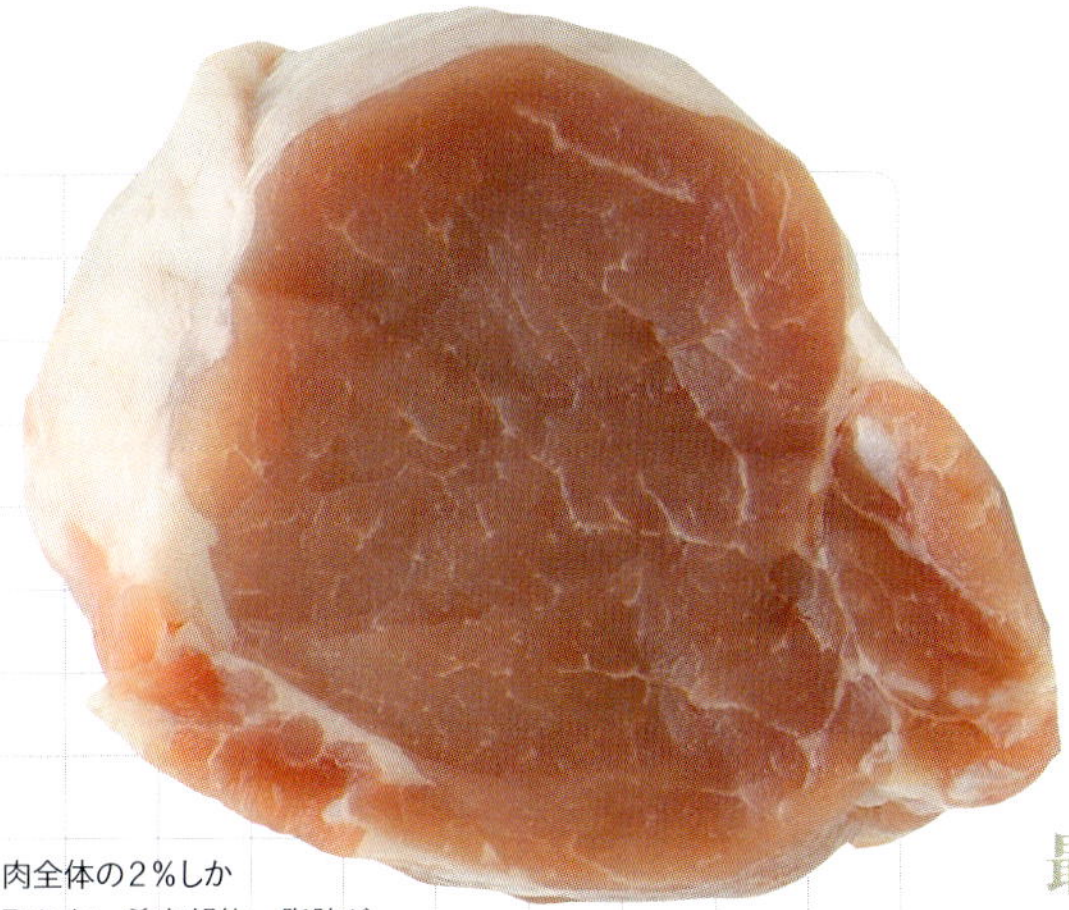

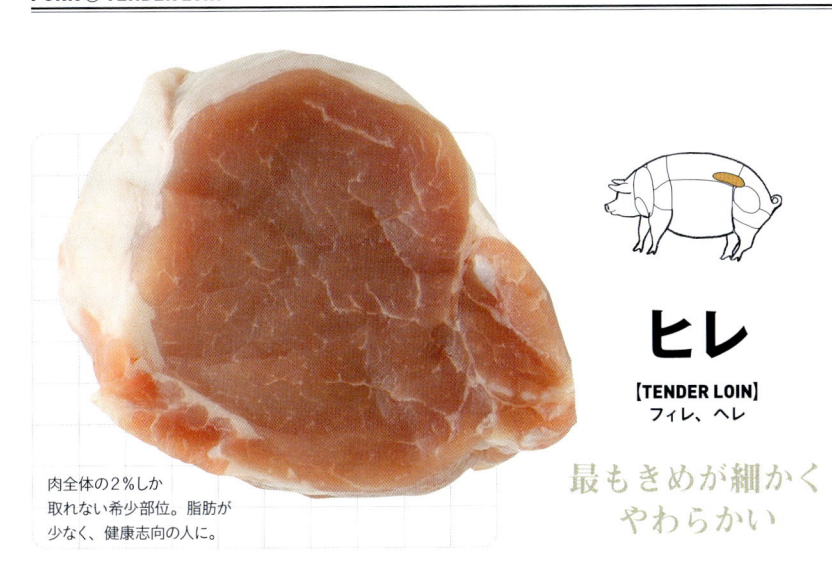

肉全体の2%しか
取れない希少部位。脂肪が
少なく、健康志向の人に。

ヒレ

【TENDER LOIN】
フィレ、ヘレ

最もきめが細かく やわらかい

ロースの下部分、背骨の内側に沿って付いている左右1本ずつ少量しか取れない細長い赤身肉。豚肉の中で最上の部位と言われる「ヒレ」は、脂肪が少なくビタミンB_1が多く、カロリーが低いのが特徴です。コクに欠けるので、とんカツやステーキなど油を使った料理との相性がよいと言われています。

DATA

焼 揚

[主な用途]
とんカツ、ステーキ、ソテー　など
[調理のポイント]
加熱しすぎるとパサつくので注意。

[ブロック]

豚ヒレ肉は長さ約34cmほど。余分な脂肪などを取り除くと、よく見る棒状のヒレのブロックになる。

TOPICS

「ヒレ」の栄養

豚ヒレ肉はきめが細かくやわらかいので、95%と高い消化率だと言われています。また、ビタミンB群、ミネラルに富み、特にビタミンB_1は豚バラ肉の3倍、牛肉の13倍含んでいます。また、鉄、リン、カリウムなどが豊富です。

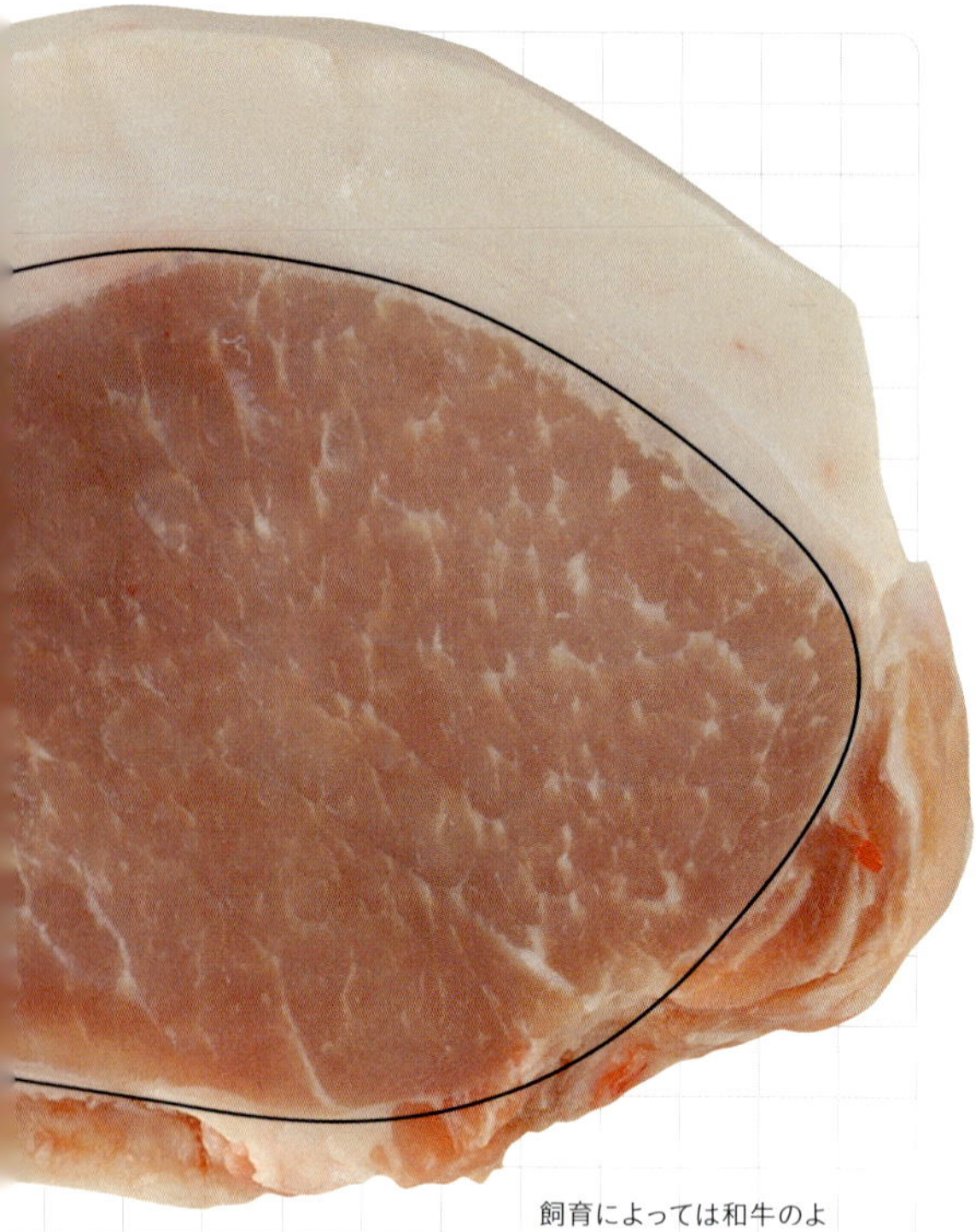

飼育によっては和牛のようなサシが入ることも。

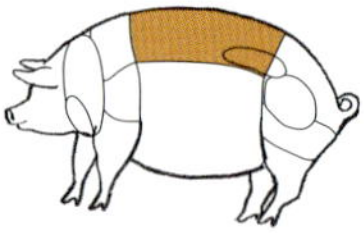

ロース

【LOIN】
ヘレロース、くらした、腰
バックストラップ

DATA

蒸 焼 揚

[主な用途]
とんカツ、すき焼き、ローストポーク、焼き豚、ソテー　など

[調理のポイント]
脂肪に旨味があるので、必要以上に除去しない。

[ブロック]

牛のリブロース同様に「かぶり」がある。

牛肉でいえば、リブロース+サーロインの部分。肩ロースの後ろから腰にかけての肉。長さ約60cm。

枝肉全体の15%弱、重量で10kgほど。「ロース」は、豚特有の香りがある厚い脂肪に覆われており、肉質はほぼ均一できめが細かく、適度に脂肪がのっています。「ロース芯」の面積が大きく、ツヤがあり、淡

外縁の脂肪に旨味とコクがたっぷり

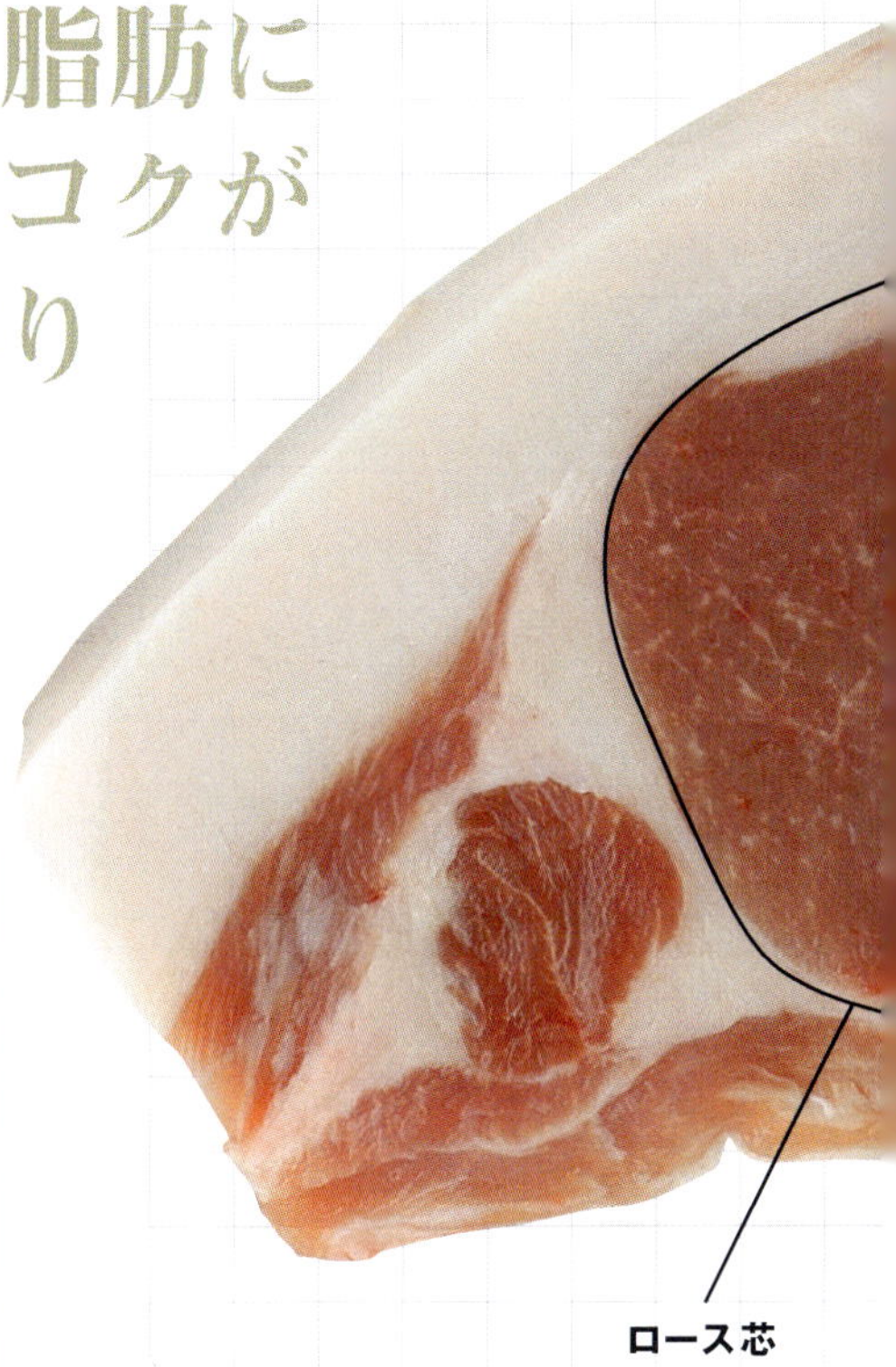

灰紅色であるもの、また、上面を覆う脂肪が一定の厚さに均一に入っているものが上質です。塊肉、厚切り、薄切りとどんな処理にも対応し、和洋中の豚肉料理に使えます。とんカツにする場合、厚切りを利用します。脂肪に旨味があるので、脂肪を取り除き過ぎないようにしましょう。

TOPICS

「ロース」はスジを切る

外縁にある厚い脂肪をできる限り活かして調理します。ただし、そのまま加熱すると赤身肉と脂肪との間のスジが縮んで、形がゆがみ丸まってくるので、肉のスジをキッチンバサミで3cm間隔に切ってから調理しましょう。

TOPICS

「にんにく」と「豚肉」の相性

どちらも疲労回復や風邪の予防によい食材です。にんにくの強い香り成分、硫黄化合物には、豚肉に多いビタミンB_1の吸収を高める効能があります。にんにくに含まれるビタミンは油に溶けやすく吸収しやすいので、炒め物にするとよいでしょう。

うちもも
赤身の大きな塊で、豚肉の中で最も脂肪が少ない。

芯玉
赤身の塊で、きめが細かくやわらかい。

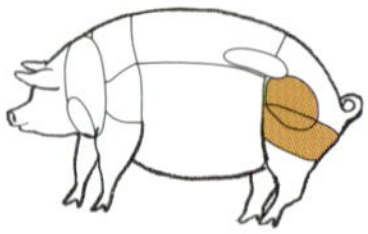

もも

【HAM】
うちひら、まる

全体的に脂肪が少なく きめが細かい部位

筋肉質な赤身肉で、脚の付け根に近い「うちもも」と、うちももの下側にある「芯玉」と呼ばれる大きな2つの塊を指して「もも」と言います。肉の色は淡く、いくつもの筋肉が集まっているので、肉質に差がありますが、全体的に脂肪が少なく、肉質はきめ細やかでやわらかいのが特徴です。豚肉の中でも人気の部位です。

TOPICS

「もも」は大きな塊で調理する

豚もも肉は、脂肪が少ない部位で、たんぱく質が多く、ヒレに継いでビタミンB_1が多いと言われています。大きな塊でローストしたり、焼豚にするなど、肉そのものを味わう料理に向いています。

DATA

煮 焼 挽

[主な用途]
ローストポーク、ステーキ、焼豚、ボンレスハム、パルマハム　など

[調理のポイント]
火を通し過ぎるとパサついてかたくなるので注意。

[加工品]

豚もも肉はボンレスハムの原料肉。最もポピュラーなハム。

脂肪の少ない赤身肉で、きめはやや粗くかための部位。

そともも

【HAM】
そとひら

肉色が濃い部分は煮込み向き

腰からももにかけてのお尻に近い部位で、牛肉でいう「ランプ」と「イチボ」の2つの部位にあたります。よく運動する部位なので肉質はかたく、肉の色がやや濃く、きめが粗いので、挽肉にしたり、薄切りで利用したり、また、スジの多いところは煮込みにするとよいでしょう。

DATA

煮 蒸 焼 揚 挽 湯

［主な用途］
ソテー、網焼き、ロースト、シチュー、ボンレスハム　など

［調理のポイント］
肉質がかたいので、薄切りにするか小さくカットする。

TOPICS

豚汁でヘルシーに

味はよいけれど、「もも」よりもややかたい「そともも」は薄切りにして「豚汁」に最適です。根菜やきのこ、豚肉と相性のよいねぎをたっぷり入れていただきます。豚汁に豆乳を加えるとまろやかなコクが出て味噌を減らせ、減塩効果にも繋がります。

TOPICS

挽肉の原料に

かたい部位ですが、脂とのバランスがよく、豚肉らしい旨味が感じられる部位です。多くが挽肉の材料として使われます。中華料理屋では、スープと肉汁たっぷりのショーロンポーなどに利用されています。

脂肪の質がやわらかいので、蒸したり煮たりすると、相当量の脂が落ちて、よりヘルシーに。

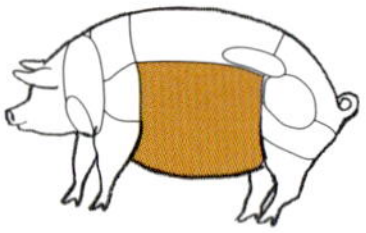

バラ

【BELLY】
三枚肉、カルビ

赤身と脂肪の層 バランスが大事

DATA

煮 焼 挽

[主な用途]
シチュー、角煮、塩漬け、ベーコン、リエット、腸詰め、トンポーロー　など

[調理のポイント]
豚肉の脂肪は融点が低いので、長時間蒸したり、茹でたりすることによって、余分な脂肪を取り除くことができる。

[ブロック]

豚の体の中央部、腹側のあばら骨周辺の肉。写真のもので長さ60cmほどもある。

ロースに接合するあばら肉で、赤身と脂肪が交互に3層ほどになっています。香りのよい脂肪をたっぷりと含んでいるので豚肉らしい濃厚な味わいが魅力です。「バラ」は、この層がバランスよく同じ厚さになっていて、赤身が淡いピンク

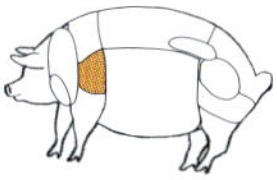

スペアリブ
【SPARE RIB】

骨付きのバラ肉のことで、沖縄の方言では「ソーキ」と呼ばれ、汁物やそばの具に用いられます。中華料理では「排骨(パーコー)」と呼ばれ、衣を付けて油で揚げた肉料理を指します。

色、脂肪の色は純白に近く、光沢があるものがよいと言われています。「ベーコン」や「ラード」もこの部位から作られる加工品です。「スペアリブ」は、骨を付けたままのバラ肉の厚切りのこと。バーベキューや焼肉で豪快に食べましょう。

TOPICS

豚の角煮

【材料】豚バラ肉…500g
A（醤油…大さじ2、砂糖…30g、泡盛…1/2カップ、だし汁…適量）

【作り方】①豚バラ肉を水から圧力鍋で30分加熱して茹で汁を捨てる。②再び圧力鍋に、❶の豚バラ肉とかぶるくらいのだし汁、Aを入れて圧力鍋で30分加熱する。充分冷ましたら、でき上がり。

COLUMN

調理ポイント◉炒める

家庭料理の定番は、
肉と野菜の炒め物ではないでしょうか？
食材の切り方や手順によっては、
シャキッとできずにベチャッと水っぽくなってしまいます。
最大のコツは「順序よく」です。

むらなく火を通す切り方

肉や野菜を火の通りやすいサイズに切り揃えることが大切です。細切りの場合は、肉を半解凍（半冷凍）の状態で切ると細く切ることができます。ただし、肉は加熱で縮むので、あまり細かくし過ぎても旨味がなくなります。ももや肩ロースなど比較的やわらかい部位は、炒めた際にちぎれないように繊維に沿って切りましょう。スジの多い部位は、繊維に対して直角に切るようにします。

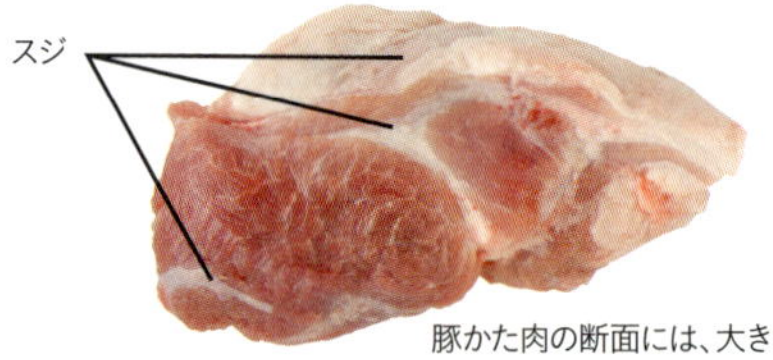

豚かた肉の断面には、大きなスジが見える。この面に平行に包丁を入れてスライスするとよい。

下味をつけておく

炒め物は時間をかけずに一気に仕上げることで、水分の蒸発を防ぎ、旨味を閉じ込めます。そのためには下ごしらえが大事。火が通りやすいように切り揃えたら、肉に下味を付けます。肉は炒めると油でコーティングされ、味がしみにくくなるのであらかじめ塩や胡椒、醤油などの調理料を指でもみ込みましょう。

炒める油はサラダ油が基本

油には、炒めたり揚げたりなど調理に使うものと、香りや風味をつけるために使うとよい油があります。基本的に熱に強いのは、オリーブオイルやサラダ油です。ごま油は高温に弱いので、仕上げに使うとよいでしょう。

おいしさの秘訣は「順序よく」炒めること

①中華鍋やフライパンを熱してから油を鍋肌から回し入れて全体になじませます。※ただしテフロンパンの場合はあまり熱し過ぎないように、油も少なめに。
②野菜を芯のかたいもの、大きいものなどから炒めます。火力は強火、野菜を入れた瞬間ジャッと音がして蒸気が上がる程度に。熱が通ったら一旦鍋から上げておきます。
③鍋の温度が少し下がったら、しょうがやにんにくなどの香味野菜を入れて、香りが立ちはじめたら強火にして、肉を入れます。
④肉に熱が通ったら野菜を戻し、最後に合わせ調味料を回しかけて、全体になじませましょう。

厚い肉の下ごしらえ

とんカツなど、厚めの肉の中までしっかりと揚げるには、肉の表面を肉叩きや包丁の背などで叩いて肉質をやわらかくします。火の通りも早く、肉がかたくなりません。また、赤身肉と脂肪の間のスジに切れ目を入れておくとよいでしょう。チキンカツは、下ごしらえとして皮全体をフォークで刺しておきます。肉は浅く切れ目を数本入れておくとよいでしょう。

油の量

揚げ物をする鍋は、厚手で鍋口も底面も広く、7～8cmくらいの油が入れられる深さの鍋がよいと言われています。油の量は、鍋の高さ2/3ほどが適量です。油の量が少ないと焦げつきやすく、油の傷みが早くなります。ただ、2cmくらいの高さの油量で「炒め揚げ」する方法もあります。

油の温度

水で濡らして水気を拭き取った割り箸を油の中央に入れてみましょう。170～180℃の場合、油の中から細かい泡が箸のまわりに出てきます。これより温度が低いと、底まで入れてわずかに小さな泡がでるだけです。また、これより温度が高いと油の表面で油はねが起こるので注意しましょう。

材料を入れるときは少しずつ

材料は一度に入れずに、少しずつ入れます。一度に入れると油の温度が下がってしまうので気をつけましょう。また、鶏の唐揚げなどは、熱した油の中に多くの材料を入れ、一旦温度を下げてから、徐々に温度を上げて均一に火を通し、きれいな焦げめを付けていく方法もあります。このときは表面の衣が固まるまで箸で触らずに、鶏に含まれる水分が蒸発していくのを待ってから引き上げましょう。

COLUMN

調理ポイント◉**揚げる**

揚げ物に苦手意識をもっている人も多いのでは？
肉に下ごしらえをきちんと施して、
油の量や温度を見きわめてから、
サックリおいしく揚げましょう。

豚の副生物

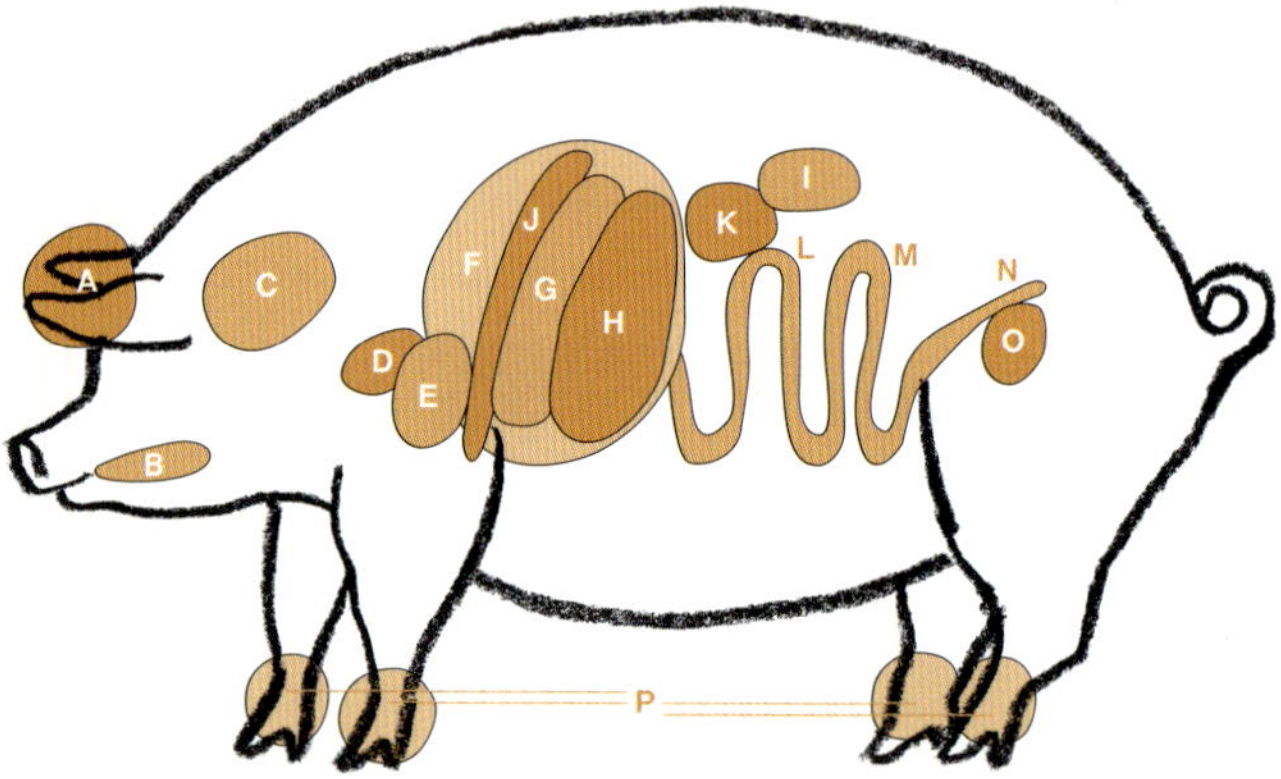

I マメ 生	L ショウチョウ 茹	M ダイチョウ 茹	O コブクロ 生	P 豚足 茹
96	159	166	64	227
14.1	14.0	11.7	14.6	20.1
5.8	11.9	13.8	0.9	16.8
7	21	15	7	12
3.7	1.4	1.6	1.9	1.4
0.33	0.01	0.03	0.06	0.05
1.75	0.03	0.07	0.14	0.12
370	240	210	170	110

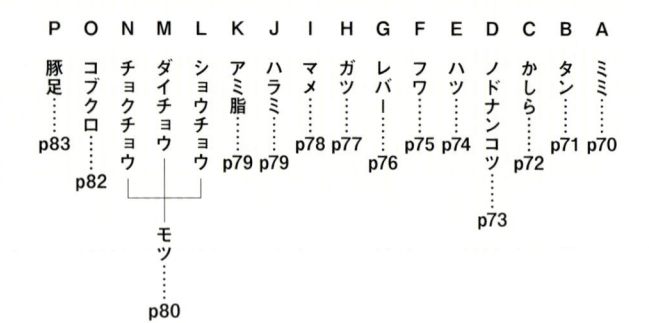

調理

下準備は？

豚の副生物は、氷水にさらして血抜きをし、何度か水を変えながらもみ洗いをして、水気を拭いてから調理します。氷水ではないただの流水では温度が高く、その分鮮度が落ちてにおいが出ます。ガツや豚足はさっと茹でこぼして、アクを抜いてから調理しましょう。

保存はきく？

豚の副生物は、何といっても新鮮さが第一。信用のおける販売店で購入しましょう。色つやのよいもの、色鮮やかなものを選びます。また、購入後は、冷蔵庫で低温保管し、その日のうちに調理するようにしましょう。

栄養

コラーゲンなど たんぱく質を多く含む

内臓もほとんどの部位を利用することができる豚肉。牛肉に比べ、小ぶりで扱いやすく、味も淡白でやわらかいのが特徴です。ビタミンやミネラルを豊富に含みます。また、耳や足などの豚の皮には、女性が注目しているコラーゲンがたっぷり含まれています。

食品成分表

ぶた・副生物 可食部100g当たり	B タン 生	E ハツ 生	G レバー 生	H ガツ 茹
エネルギー（kcal）	205	118	114	111
たんぱく質（g）	15.9	16.2	20.4	17.4
脂質（g）	16.3	7.0	3.4	5.1
カルシウム（mg）	8	5	5	9
鉄（mg）	2.3	3.5	13.0	1.5
ビタミンB_1（mg）	0.37	0.38	0.34	0.10
ビタミンB_2（mg）	0.43	0.95	3.60	0.23
コレステロール（mg）	110	110	250	250

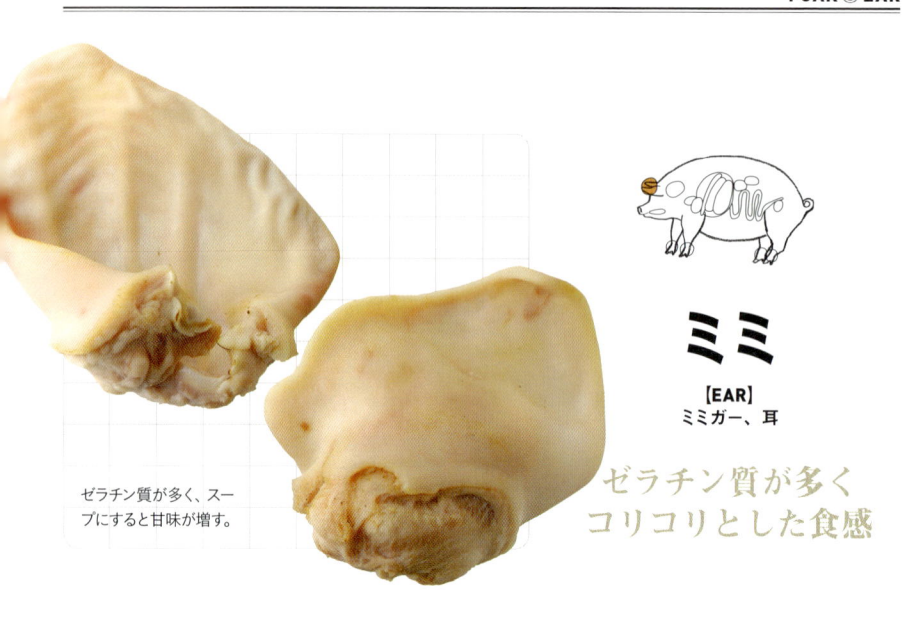

ゼラチン質が多く、スープにすると甘味が増す。

ミミ

【EAR】
ミミガー、耳

ゼラチン質が多く コリコリとした食感

豚の耳は、1個が200〜300gの重さで筋肉部分は少なく、ほとんどが皮と軟骨でできています。ゼラチン質が多いので、炒め物や揚げ物にします。茹でて、脱毛処理したものや、スライスしたものが購入できます。沖縄では「ミミガー」と呼ばれ、主に酢の物にします。コリコリとした食感が楽しい食材です。

DATA

煮 蒸 焼 揚

[主な用途]
ミミガー、醤油煮　など

[調理のポイント]
くさみを取るには、ねぎやしょうがなど野菜と一緒に下茹でするとよい。

TOPICS

ミミガーときゅうりの和え物

【材料】 豚の耳（下処理済みのもの）…40g、きゅうり…2本、かいわれだいこん…1/2パック、A（ごま油…大さじ2、豆板醤…小さじ1、酢…小さじ1、塩…少々）

【作り方】 ①塩で板ずりしたきゅうりを包丁の腹で潰して千切りにする。②❶と薄くスライスした耳肉、Aを和えて盛りつけ、最後にかいわれだいこんを散らす。

TOPICS

「ミミ」の下処理

パックなどで市販されているものは、あらかじめ下処理が済んでいますが、においなどが気になる場合は、調理の前に沸騰した湯で茹でて、水でよくもみ洗いをします。余分な脂肪を取り除くとくさみが消えて食べやすくなります。

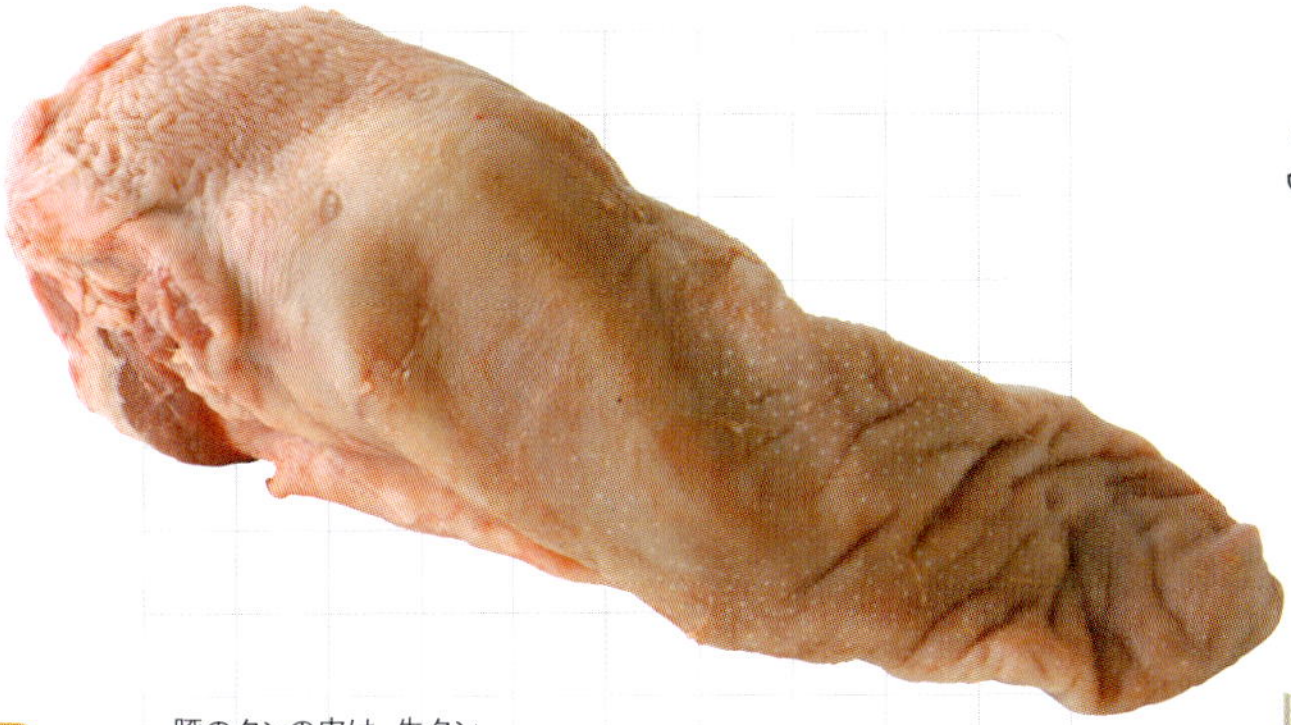

豚のタンの皮は、牛タンほどかたくないので、取り除かなくてもよい。

タン

【TONGUE】
舌、豚タン

脂肪が少なく牛タンより淡白

牛のタンに比べると小さいけれど、15㎝はある豚の舌。全体的に脂肪が少なくてあっさりしています。根元のほうが脂肪が多いのでやわらかいです。ビタミンB_2、鉄、タウリンが枝肉部分より多く含まれています。下処理を充分にしてくさみを取り、薄くスライスしてバター焼きや網焼き、また唐揚げにも向いています。

DATA

煮 焼 揚

[主な用途]
バター焼き、網焼き、唐揚げ、煮込みなど

[調理のポイント]
下茹でするときは、しょうがやねぎなど香味野菜と2～3時間茹でる。

TOPICS

おつまみに「豚タン味噌漬け」

下処理した「豚タン」をもう一度ゆっくり煮て、余分な脂肪を抜きます。そのままみりんと酒を合わせた味噌で包み、ラップをして、冷蔵庫で2～3日寝かせます。食べるときに表面の味噌を洗い流して、水分を切り、薄切りにして盛りつけましょう。

TOPICS

「豚タン」の下処理

ブロックの場合は、余分な油を取り、下茹でをして、気になる人は熱いうちに表面の皮をむき、3～4mmにスライスします。スライスされたものを購入したら、下茹ではせずに塩、胡椒などをして焼いて食べましょう。

冷凍餃子などの具材にも使われている。

かしら

【CHEEK AND HEAD】
つらみ、こめかみ、ほほ

脂肪が少なく 低カロリーな赤身肉

豚の「かしら」とは、豚の頭部の肉のこと。「こめかみ」や「ほほ」など部分によって呼び名があり、それらをまとめて「かしら」と言う場合もあります。全体的には脂肪は少なめですが、「ほほ」は特別脂肪が多く、肉質はかたく歯ごたえがあります。コラーゲンなどゼラチン質を含んだ赤身肉は、さっぱりとした味わいです。

DATA

煮 焼 揚 湯

［主な用途］
焼肉、串焼き、煮物、炒め物、揚げ物、鍋物、スープ　など

［調理のポイント］
肉質がかたいので、薄切りにして使用する。

TOPICS

「かしら肉」のテリーヌ

【材料】
豚かしら肉…800g
A（皮をむいたレモン…1個、香味野菜（パセリやセロリなど）…適宜、香辛料（胡椒、コリアンダー、クローブ、ローレルなど）…少々）
B（ドライハーブ（ローズマリー、タイム、マジョラムなど）…適宜、黒胡椒…少々、塩…小さじ2、レモンの皮のみじん切り…1個分）

【作り方】
①かしら肉を流水で血抜きしたあと、鍋で水から煮て2～3回茹でこぼし、ざるに取る。②鍋に、❶とAを加えて肉が崩れてくるまでに煮込む。③❷の肉は熱いうちにほぐし、Bを加えて和える。④布で包み重石をして冷蔵庫で1日、水分、油分を抜く。⑤❹を切ってフライにしたり、バターソースで温めたり、トマトソースで煮てもよい。

写真左上が「のどぼとけ」、右下に向かって伸びるのが「気管」。

ノドナンコツ

【THROAT CARTILAGE】
フエガラミ、ウルテ

焼肉店で人気 コリコリの歯ごたえ

1頭から少量しか取れない希少部位で、特注品として流通しています。わずかしか取れない喉の「のどぼとけ」から「気管」の部分の軟骨で、コリコリとした食感が楽しく味もよいので、焼肉店で人気です。「のどぼとけ」の輪切りは「ドーナツ」と呼ばれ、包丁の背で叩いてから軽くあぶります。比較的カルシウムを多く含みます。

DATA

焼 揚 挽

［主な用途］
つくね、冷菜、パスタソース、焼肉 など

［調理のポイント］
調理前に塩や胡椒、タレなどをなじませておくとよい。

TOPICS

「ノドナンコツ」の下処理

市販されている場合は、下処理がされているものがほとんどです。気になる場合は、さらに汚れや脂肪、血合いを取り除きましょう。「気管」の部分は硬いので、気管の裏表に包丁の根元で叩くように切れ目を入れてから、2mm厚でカットします。「のどぼとけ」も2mm厚でカットします。焼肉の場合は、こんがり焼くか、あぶる程度にするかによっても、食感や味わいが異なります。

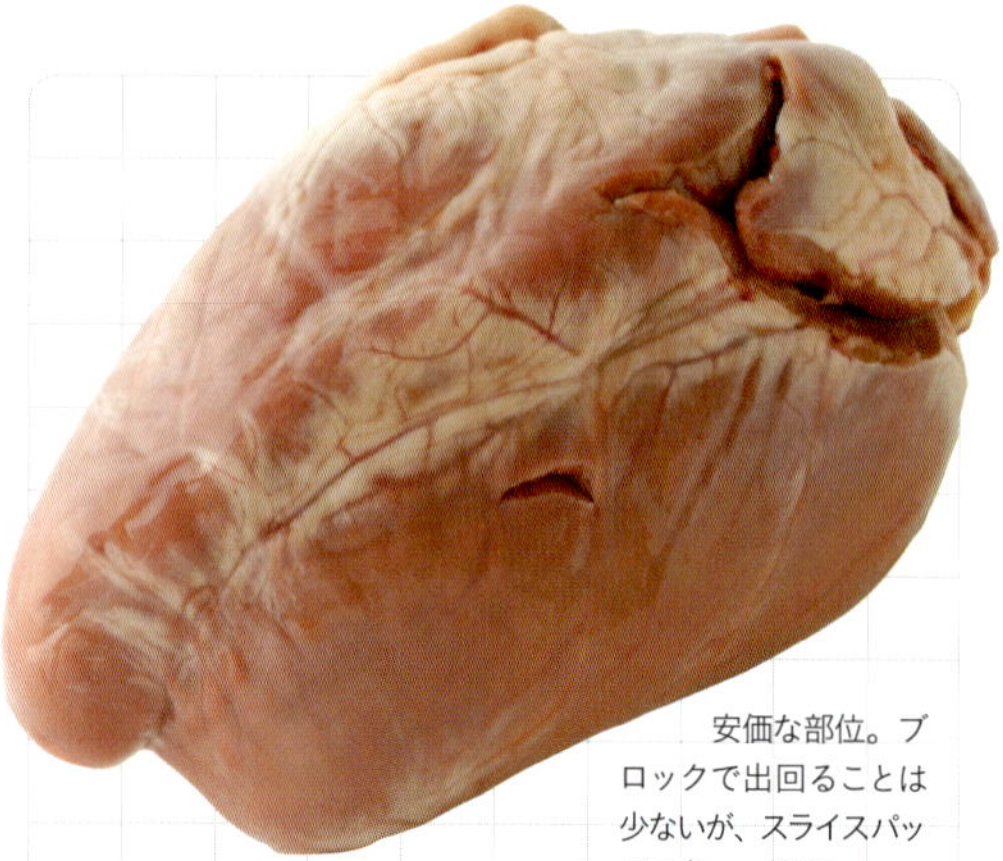

安価な部位。ブロックで出回ることは少ないが、スライスパックは多い。焼肉に。

ハツ

【HEART】
心臓、こころ

独特の風味と歯ざわり クセが少ない内臓系

牛の心臓「ハツ」の1/3ほどの大きさで、1個の重さが300gほどの豚の心臓。筋繊維が細かく緻密なので独特の歯ざわりがあります。脂肪が少ないのでややかたくコリコリとした食感で、味は牛より淡白です。ビタミンB_1、B_2、鉄、タウリンが多く含まれています。網焼きや鉄板焼きに合い、疲労回復などの効果が期待されています。

TOPICS

「ハツ」の下処理

「ハツ」は中に空洞部分があり、そこに血が残っていることがあるので、縦にカットして、血合いやスジなどを取り除きます。塩水でもみ洗いしながら、血とくさみを取りましょう。さらに、香味野菜を入れて、2時間ほど下茹でをします。

DATA

煮 蒸 焼 揚 挽 湯

[主な用途]
網焼き、鉄板焼き、醤油や味噌味の煮込み　など

[調理のポイント]
充分に血抜きをしてから調理する。加熱し過ぎるとパサつくので注意。

[プレート]

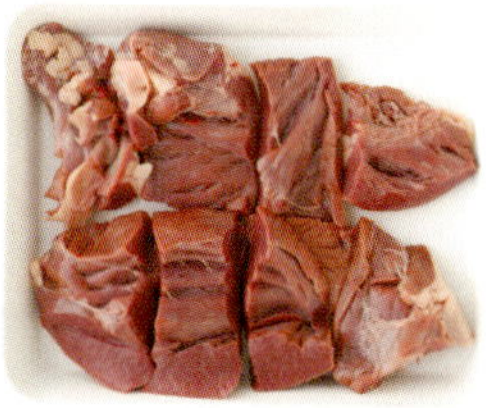

スライスのパックものを購入した場合は、塩水でもみ洗いした後、冷水にさらしてから調理しましょう。

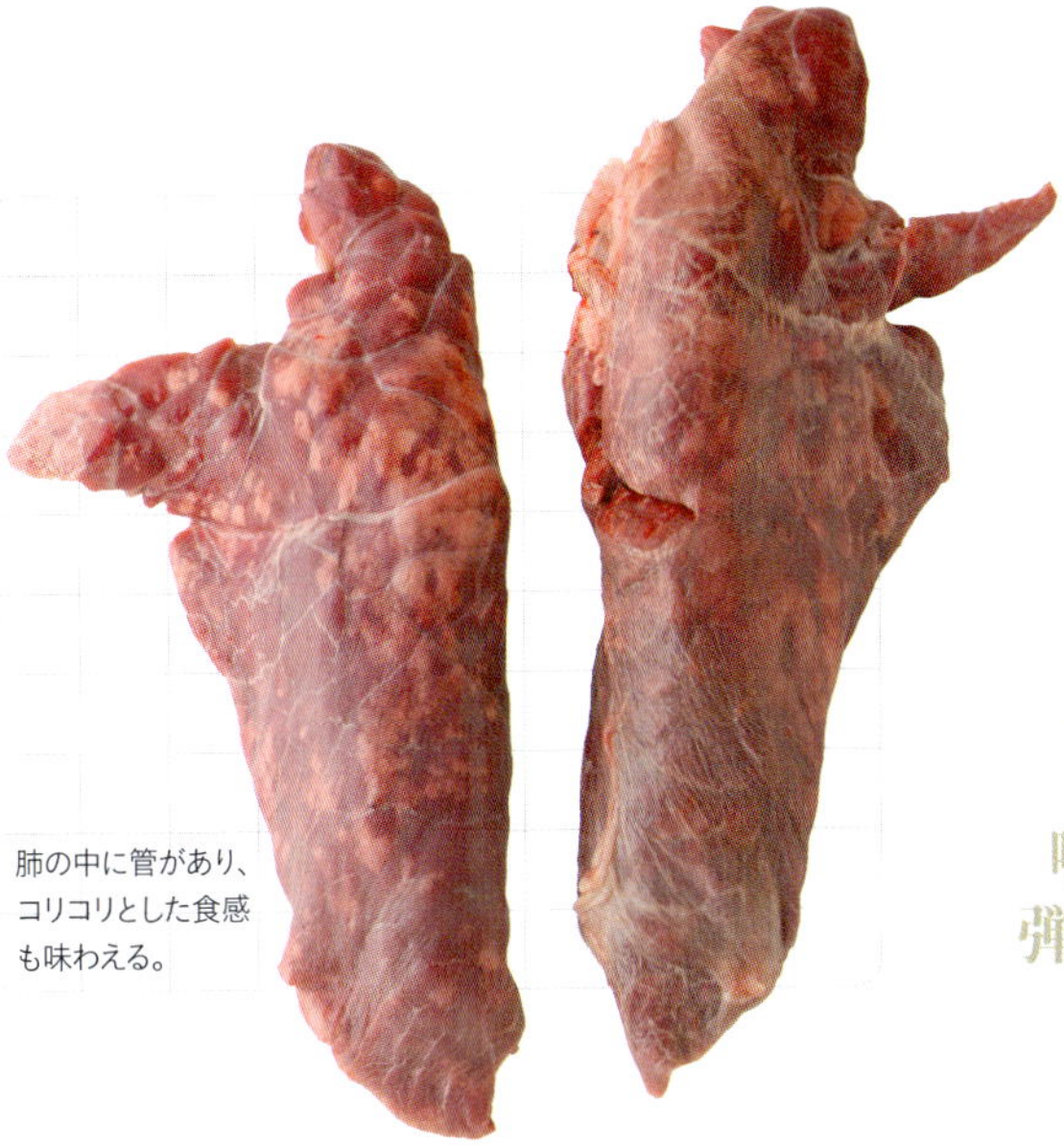

肺の中に管があり、コリコリとした食感も味わえる。

フワ

【LUNG】
プップギ、フク、いち、肺

噛むとフワッと弾力がある豚の肺

スポンジ状のフワフワした感触の豚の肺は、「フワ」と呼ばれています。大きさは大人のにぎり拳より少し大きいくらいです。上手に下処理をすればくさみやクセをあまり感じることはありませんが、毛細血管が縦横に走っているために血抜きには時間をかけましょう。ソーセージの材料などに用いられることもあります。

DATA

煮 焼 揚

[主な用途]
モツ煮、モツ焼き、プップギ刺し、天ぷら　など

[調理のポイント]
薄切りにして、よく加熱する。

TOPICS

ちょい足しでオリジナルの焼肉のタレに

市販の焼肉のタレに、おなじみの調味料をちょい足しするだけで、さらにおいしい焼肉のタレができます。たとえば、白味噌、かつお節、唐辛子、ごま油、砂糖、レモン汁など。お好みでオリジナルのタレを楽しみましょう。

TOPICS

「フワ」の下処理

「フワ」はぶつ切りにし、氷水につけて一昼夜血抜きをします。クセがあるので、その後流水でよく洗い流しましょう。また、「フワ」の中に管がありますが、取らずに残しておきます。食感の違いを楽しめます。

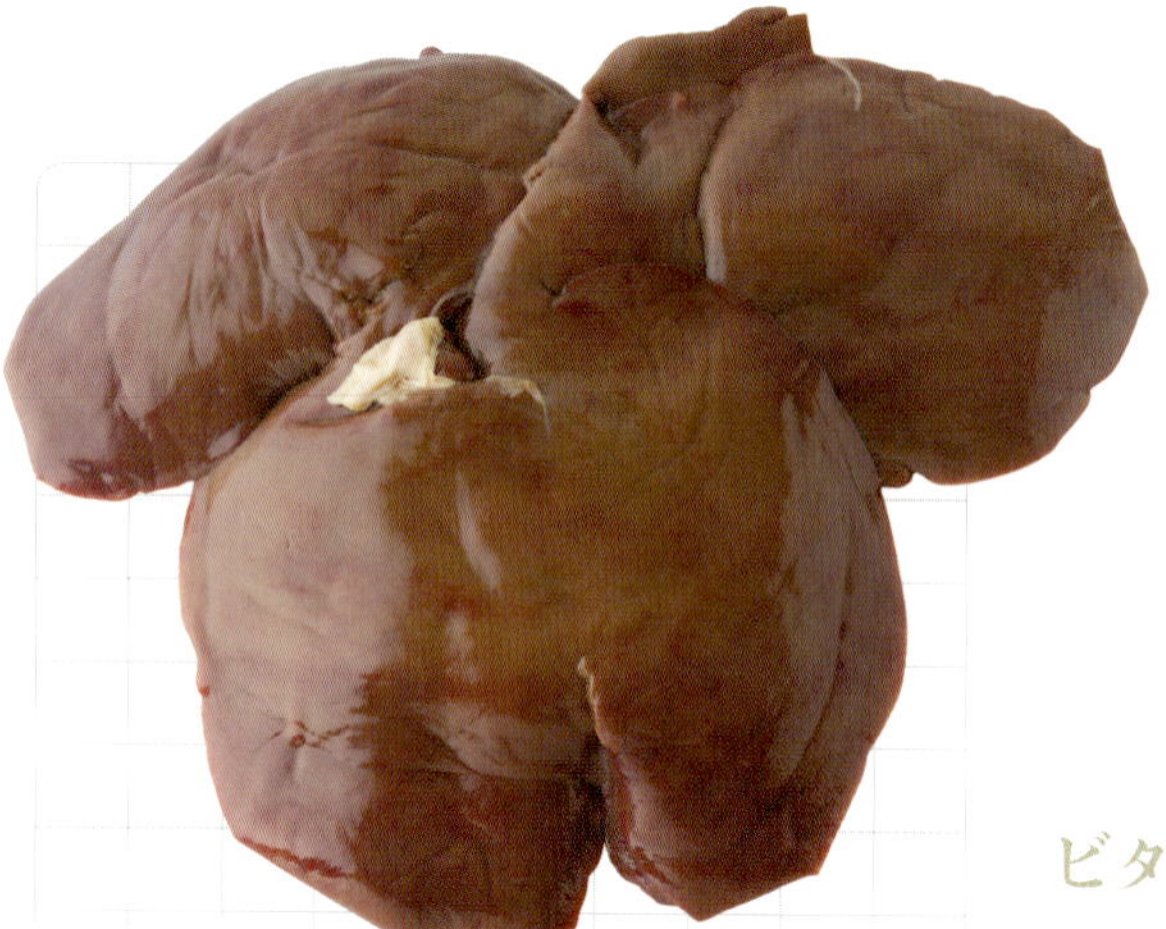

劣化が早いのでその日のうちに使い切る。

レバー

【LIVER】
きも、肝臓、豚レバー

ビタミンAや鉄分など栄養たっぷり

手のひらのように平べったく、平均1～1.5kgと大きな「レバー」。栄養価も高く、ビタミンB_1、B_2、D、ナイアシン、鉄などが含まれ、豚の枝肉、内臓系の中でも、ビタミンAが最も多い部位です。牛肉のレバーよりも特有のクセがあるので、下処理をしっかりと行い、しょうがやにんにくなどでくさみを和らげるとよいでしょう。

DATA

煮 蒸 焼 揚

[主な用途]
揚げ物、炒め物、パテ、テリーヌ、ソテー　など

[調理のポイント]
くさみを和らげるには、和食や中華風にはにんにくやしょうがが、醤油、酒で、洋風には牛乳や香味野菜を使う。

TOPICS

「レバー」の美容効果

豚レバーに豊富に含まれる「レチノール」は動物性のビタミンAのことで、皮膚や粘膜の保護、感染症に対する抵抗力の向上、眼精疲労の改善などの効果があります。また、肌や髪のかさつきを防ぐなど美容にもよい食材です。

TOPICS

「レバー」の下処理

塊肉で購入した場合は、血管や血の塊を取り除いた後流水で洗い、冷水か3%程度の塩水につけて血抜きします。2～3回水を取りかえると上手に下処理できるでしょう。

くさみが少なく、歯ごたえのあるガツはさっぱりとした調理法でいただこう。

ガツ

【PORK STOMACH】
豚ミノ、胃

ホルモン料理には欠かせない定番

豚の胃袋「ガツ」は、くさみが少なく、内臓を好まない人でも食べやすい部位です。牛は4つ胃袋をもっていますが、豚は1つで重さは平均500gほど。きれいな灰色をしていて、筋層の厚いものほど上質と言われています。肉質はややかたいですが、弾力があって食べやすく、さっぱりとした味わいです。煮込みや焼肉に適しています。

DATA

煮 焼

[主な用途]
焼肉、酢の物、煮込み料理　など
[調理のポイント]
焼き過ぎるとかたくなるので注意。

TOPICS

「ガツ」の下処理

袋状になっているので、流水で洗いながら脂を取り除きます。生のものは、さらに塩をふってよくもんでから香味野菜を加えて茹でましょう。アクを取り、茹で上がったら水で流しながら、さらに脂を取り除きます。

TOPICS

「ガツ」の韓国風サラダ

ボウルに、ごま油、醤油、砂糖、粉末の唐辛子を合わせて、下処理後やわらかくなった「ガツ」を食べやすい大きさに切ったもの、千切りにしたきゅうり、茹でたもやしを塩でもんでぎゅっと絞ったものを和えます。最後に小口切りにした万能ねぎを盛ればでき上がり。

ビタミンや鉄分が多く含まれている。

マメ

【KIDNEY】
腎臓

ぷりっとした
食感を楽しむ

そら豆の形に似ていることから「マメ」と呼ばれる豚の腎臓。脂肪が少なく、低エネルギーです。一般的にスライスされているものよりも塊で販売されていることが多いようですが、下処理をきちんとすればくさみは取り除くことができます。食感は、ぷりぷりとやわらかく、炒め物や、煮込み、和え物などに向いています。

DATA

煮 焼

[主な用途]
炒め物、煮込み、和え物　など

[調理のポイント]
内部の白い筋や脂肪を取り除き、赤い部分だけを使う。

TOPICS

「マメ」の中華炒め

下処理をしたマメを食べやすい大きさにスライスして、セロリやしょうがと一緒に油で炒めます。塩、胡椒、中華スープの素などで味を付け、最後にごま油で香りを付けましょう。唐辛子を入れてピリ辛にしてもおいしいです。

TOPICS

「マメ」の下処理

表面の薄い皮を取り除き、縦半分に切り、内部の白い筋（尿管）や血の塊を取り除きます。尿管が残っているとくさみが抜けないので、丁寧に行いましょう。料理に応じて切り分け、氷水に浸けて血抜きをし、水を2～3回かえます。さらに、香味野菜を入れて下茹でをします。

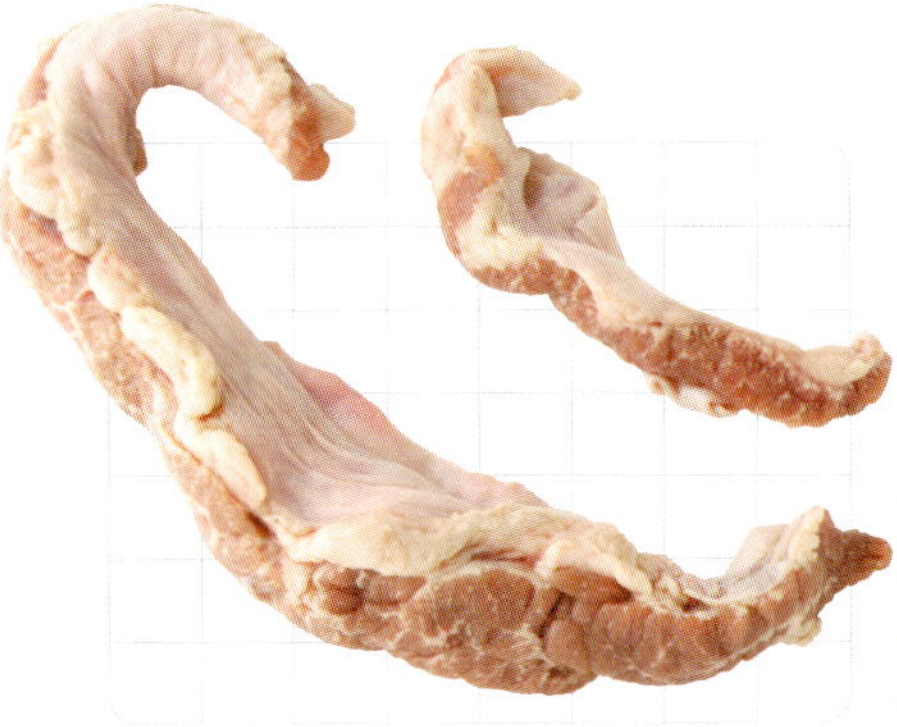

ハラミ

【OUTSIDE SKIRT】

サガリ

見た目は肉だが
内臓なので低エネルギー

横隔膜のこと。牛のように肉塊が大きくないので、「サガリ」と「ハラミ」に区別はしません。1頭から約200〜400gほど取れます。主に挽肉の材料として利用されていますが、「牛ハラミ」の人気から、焼肉店でも人気です。

DATA

焼　挽

[主な用途]

挽肉　ソーセージ　焼肉　など

[調理のポイント]

あまり焼き過ぎるとかたくなるので注意。

アミ脂

【CREP INETTE】

包み焼きや
包み揚げに利用

大腸と小腸の間にある、内臓を包む白っぽい網状の脂肪のこと。フランス料理や中華料理で包み焼きや包み揚げに使います。脂肪の少ない部位をローストする際にパサつかず、脂の旨味がのっておいしく仕上げます。

DATA

焼　揚

[主な用途]

テリーヌやフライ前に原料を包む、脂の補助的役割

[調理のポイント]

食肉店に注文しておく。塩漬けにしてあるものが多いので、塩抜きしてから調理する。

モツ

【MOTSU】
ホルモン

一般的には「ショウチョウ」と「ダイチョウ」を合わせたものが「モツ」として販売されています。どちらも脂肪が多いですが、軽く茹でて脂肪を取り除くなど、下処理がされています。「ダイチョウ」は、ソーセージのケーシングとしても利用されています。また、腸のうちで最も味がよいとされる「チョクチョウ」は、大腸、小腸、盲腸、胃袋と共に「白モツ」「白もの」と呼ばれます。特有のく

ダイチョウ

【LARGEINTESTINE】
しろ、豚テッチャン、大腸

淡い灰褐色で細かいヒダが全面にある。「ショウチョウ」より歯ごたえがある。

ショウチョウ

【SMALLINTESTINE】
ヒモ、小腸

脂肪が多い。下処理されたものも、さらにアク抜きをする。乾燥品もある。

ホルモン焼きや
煮込みに欠かせない

さみがありますが、下処理をすることでほかの部位では味わえないとろとろとした脂肪の旨味と、食感の違う歯触りを楽しむことができるでしょう。モツは地域によってさまざまな調理法があるので、郷土料理のB級グルメとしても注目されています。

TOPICS

「モツ」の下処理

腸は脂肪を丁寧に取り除き、小さく切って塩を使ってもみ洗いをして流水で洗い流します。唐辛子、酒を加えて5分程度茹でた後、もう一度流水でもみ洗いし、香味野菜などを入れて約1時間やわらかくなるまで茹でます。通常、パックなどで販売されているものは脂肪などを取り除き、茹でてありますが、さらに一度茹でてから調理するとよいでしょう。調理後は、刻みねぎや七味唐辛子など薬味をふると、クセが消えて食べやすくなるでしょう。

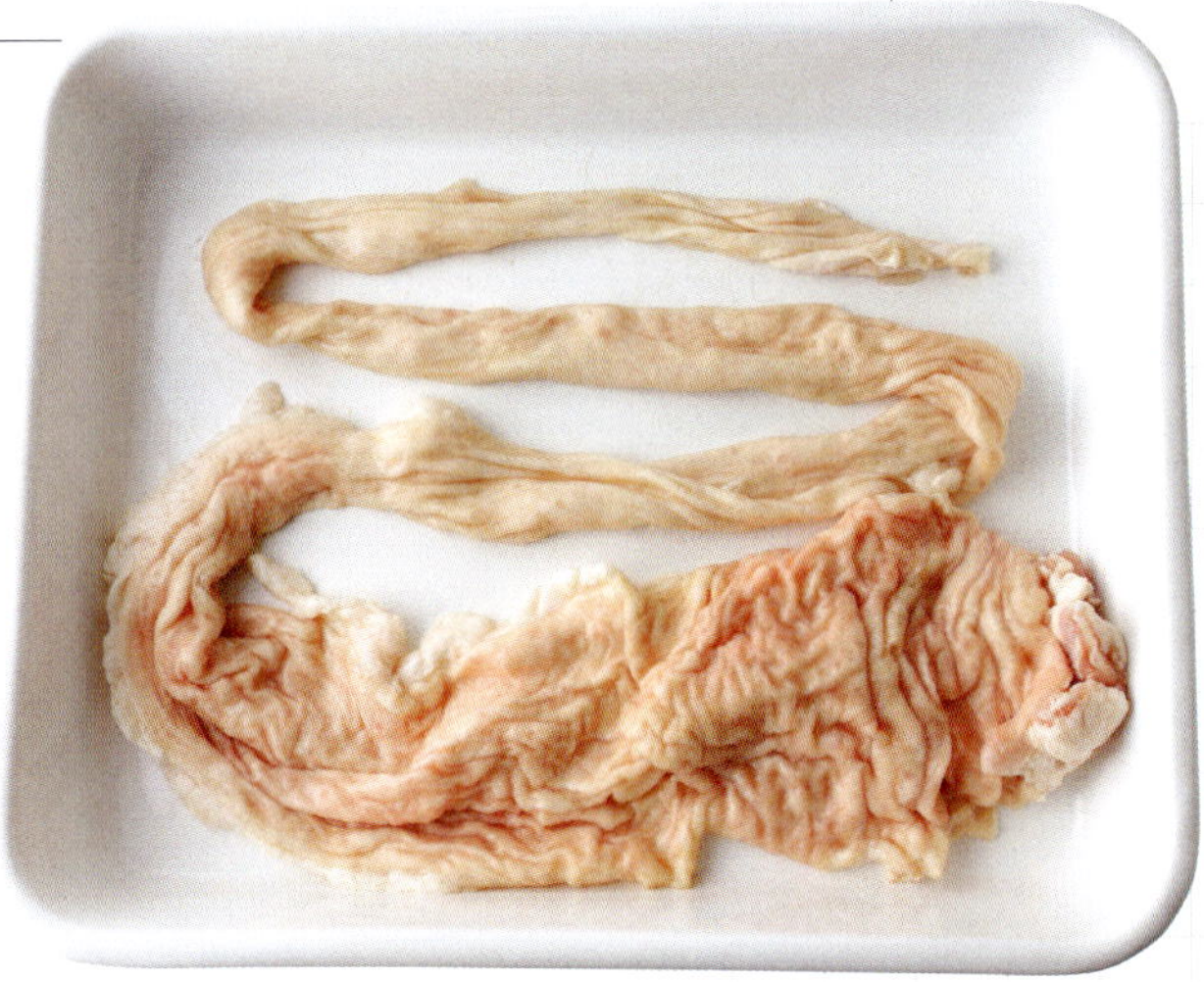

チョクチョウ

【RECTUM】

テッポウ、チューブ、あぶら、直腸

腸の中では最も美味しいとされる部位。肉厚なものほど品質がよく、味がいい。

DATA

煮 焼

[主な用途]

ホルモン焼き　煮込み　串焼き　など

[調理のポイント]

特有のくさみは、脂肪からにおうので、しっかりと取り除く。

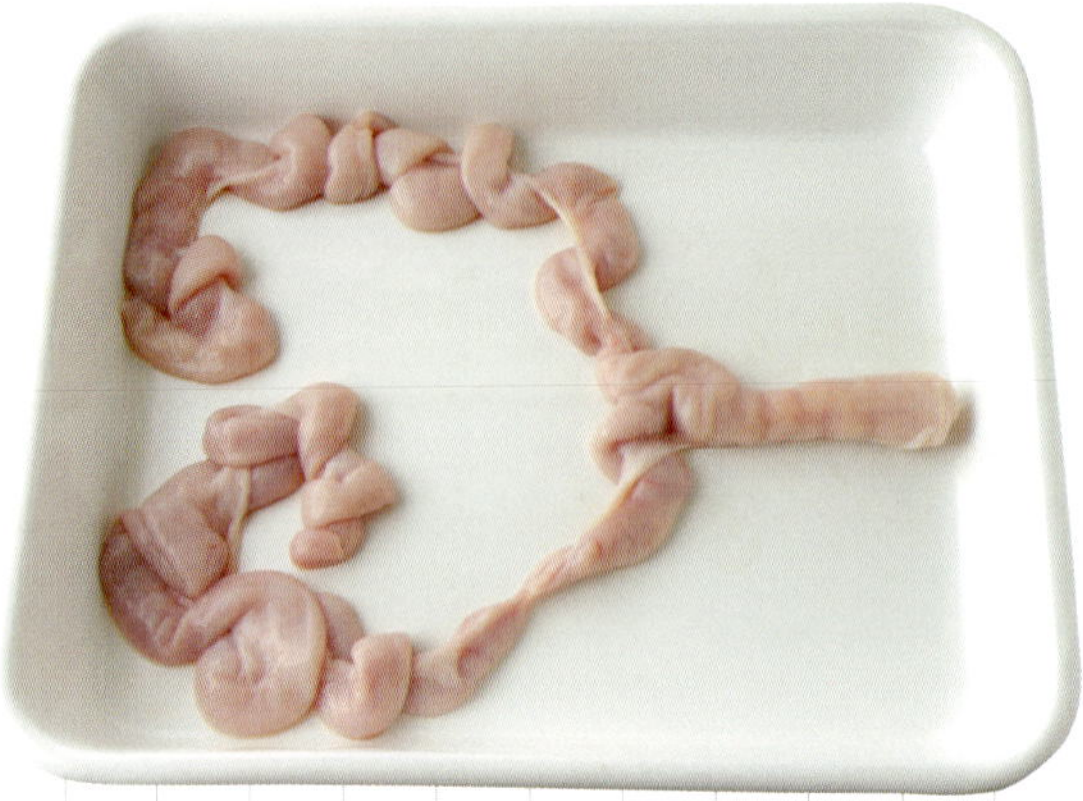

劣化が早いので、その日のうちに加熱処理をしておく。

コブクロ

【UTERUS】
子袋、子宮

弾力と甘い香りに腸よりおいしいと人気

子宮のこと。市販のものは、若い雌豚のもので、やわらかく淡泊な味です。淡いピンク色でハリがあり、つぶれていないものほど新鮮で上質。たんぱく質が多く、脂肪が少ない部位です。ピーマンやしいたけ、ねぎなどの野菜と網焼きや和え物にします。焼肉でも用いられ、シコシコした歯ざわりです。

TOPICS

「コブクロ」の酢の物

下処理をした「コブクロ」をもう一度料理酒を入れて10分ほど茹でます。ざるにあげて、流水で洗い流し、脂肪分を取り除きます。食べやすい大きさに切って、塩、しょうがの千切り、すし酢と合わせます。ゆずなど柑橘系をしぼっても美味。

DATA

煮　焼

[主な用途]
網焼き、煮込み、和え物　など

[調理のポイント]
流水でよく洗い、ボイルしてから調理する。

[プレート]

焼肉店で見かけるコブクロのカット。くるくるっと丸まったら焼き上がり。弾力があり、中から甘い肉汁が溢れる。

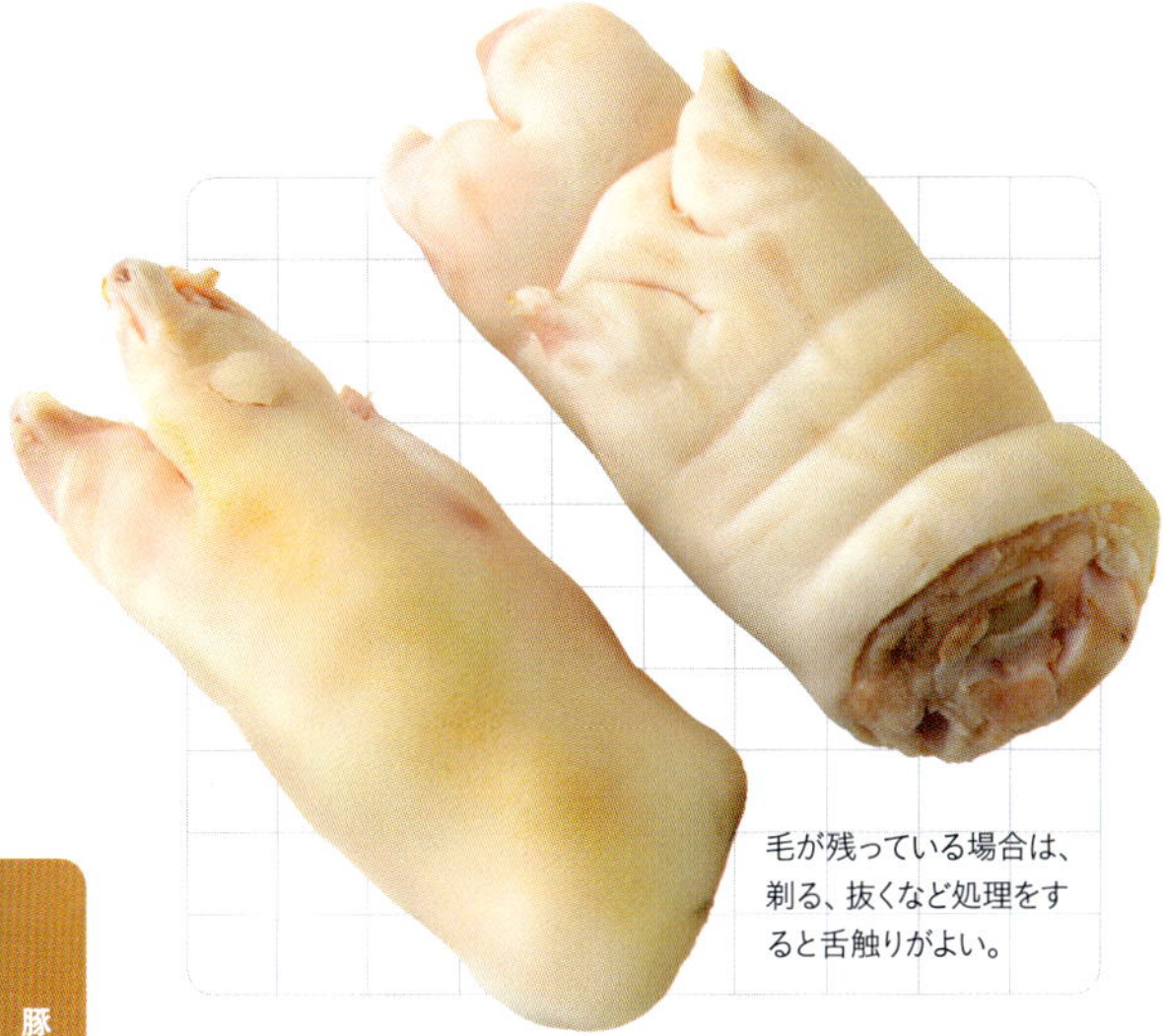

毛が残っている場合は、剃る、抜くなど処理をすると舌触りがよい。

豚足

【FEET】

コラーゲンたっぷり
お肌によい豚足

コラーゲンやエラスチンなどのゼラチン質を多く含む「豚足」。長時間煮るトロトロにやわらかくなります。骨と爪以外の、皮や肉、スジ、軟骨を食べます。沖縄の郷土料理「足テビチ」が有名です。また、ラーメンのスープの材料にすると濃厚な豚骨スープができるでしょう。精肉店では、一度茹でてあるものが販売されています。

DATA

煮 湯

[主な用途]
煮物、スープ、和え物　など

[調理のポイント]
通常茹でて売られているので熱湯でアク抜きをした後調理する。

TOPICS

沖縄料理「足テビチ」

【材料】
豚足…2本分、昆布…1枚、しょうが…2～3片、水…適量、酒…適量、かつおだし…適量、醤油…大さじ1/2、塩…少々

【作り方】
①圧力鍋に豚足と、豚足がかぶるくらいの水と酒、しょうがを入れて30分加熱する。
②圧力が下がったら煮汁を捨て、豚足がかぶるくらいのかつおだし、昆布を入れて、再び30分加熱する。
③圧力が下がったら、醤油、塩、酒を入れて味を調えてフタをせず、弱火で20～30分ほど煮込む。

COLUMN

調理ポイント◉煮る

肉料理には意外と「煮る」レシピが多いと思いませんか？
肉の旨味を逃さず、くさみやアクを取り、
しっかりと味を付ける煮込み料理は大人気。
ぜひチャレンジしてみてください。

まず焼いてから煮る

肉の旨味は煮汁に溶け出しやすいと言われています。煮込み料理をする前に、一度肉の表面を焼き、たんぱく質を凝固させて肉汁が流れ出ない工夫をするとよいでしょう。角切りの場合は、肉自体の脂で全体に焼き色が付く程度に炒め、薄切りの場合は、油を熱して肉に油が絡んで色が変わる程度に炒めましょう。

アクは丁寧にすくう

水を加えて煮立つまでは強火ですが、アクが浮きはじめたら、弱火にします。玉じゃくしで丁寧にアクをすくいましょう。アクが材料に付いたまま残ると、煮物の味が濁り、見た目も悪くなるので気を付けましょう。

厚手の鍋を使う

じっくりと時間をかけて煮込む料理には厚手の鍋を使いましょう。特に、厚手で深さのある寸胴鍋は、温度が均等に伝わり、直接的に火や熱があたらないので、肉をやわらかくするまで長時間煮込むのによいでしょう。また、フタがきちんと閉まる鍋のほうが効率がよいです。圧力鍋は、かたい肉をやわらかくする下ごしらえなどに適しています。調味料を加えて味を付けて煮込むときは、圧力鍋としてではなく圧力をかけず鍋ブタに代えて使うとよいでしょう。

煮汁の味見をする

味を加えていくときには、分量をすべて一度に入れずに、調理の前半と煮汁が煮詰まる調理の後半とに分けて味を足していくとよいでしょう。特に、塩味の調味料（塩や醤油）と、甘味料（砂糖やみりん）は、合わせ調味料にしておき、味を足して調味します。調味料は、煮るほどに材料に浸透していき、また、肉から旨味がたっぷりしみ出してくることも考えて、調味料を調整しましょう。煮汁を味見し、煮詰まったときを想像することも大切です。

蒸し器を使うとよい点は？

蒸籠やスチームクッカー、タジン鍋、シリコン製のスチームケースなど、「蒸す」料理が注目されています。肉料理に関しても、肉の余分な脂を落とせる、油を使わないので低エネルギー、仕上がりがやわらかくて食べやすいなど、うれしいことがたくさんあります。下ごしらえを済ませたら、基本は蒸し器におまかせという手軽なところも人気です。

下味を付ける

　皮付きのバラ肉を使った中華料理「粉蒸肉（フェン・チェン・ロー）」などでは、甜麺醤や砂糖でしっかりと下味を付けてから、米粉を付けて蒸します。また、ラムの背肉の薄切りなどは、セロリやにんにく、パセリなど、香味野菜やハーブ、スパイスで味をなじませてスチームするとよいでしょう。一方、「バンバンジー」の鶏のささみやむね肉のように下味を付けずに蒸すものには、タレやソースを合わせていただきましょう。

野菜といっしょにせいろ蒸し

手早く簡単なのが、「せいろ蒸しのしゃぶしゃぶ」です。豚のバラ肉やロースの薄切り肉を使い、ごまダレやポン酢などをつけていただきます。手軽にできる上に、季節の野菜をいっしょに蒸すことで栄養のバランスもよく、また選ぶ野菜によって見た目も華やかに仕上がります。

蒸し料理に適した肉の種類は？

基本的には、どんな肉でも蒸し料理にできますが、牛すね肉など長い時間煮込まないとかたい部位は適しません。鶏むね肉やささみなど淡白な味わいの肉をしっとりと仕上げ、逆に豚バラ肉など脂肪の多い肉は脂を落としてヘルシーに仕上がります。

COLUMN

調理ポイント◉蒸す

近ごろ注目の蒸し料理は、
油を使わないヘルシーな調理法です。
肉の部位や料理によって、
下味をつけるかどうかが決まります。
野菜と一緒に蒸し料理にすれば、
一品でも充実した料理になります。

COLUMN

肉を食べると太りやすいって本当?

「お肉は脂肪が多く、太りやすいから食べない」と決めてしまわず、
食肉に含まれるたんぱく質を上手に利用して、
消費エネルギーを増やしましょう。

肉はダイエットの敵?

肉類の主成分は、動物性たんぱく質と脂質です。脂質を構成する脂肪酸を大きく分類すると、肉や牛乳などに多い「飽和脂肪酸」と、魚や植物油に多い「不飽和脂肪酸」があります。「飽和脂肪酸」は摂り過ぎると、体内でコレステロールが合成されやすく、逆に「不飽和脂肪酸」は中性脂肪を低下させ、血液をサラサラにする働きや悪玉コレステロールを低下させる作用があると言われています。このため、肉がなんとなく体に悪いイメージになっていませんか?

肉の部位を選び食べ方を工夫すればダイエットの味方に

肉類には、私たちの体になくてはならない栄養素が含まれています。たとえば、牛肉には、スタミナ維持や貧血改善に欠かせない鉄分、体脂肪の消費をサポートするカルニチンが豊富です。また、エネルギーだけを考えると、鶏のささみは低エネルギー、低脂肪、高たんぱく質な食品です。同様に、豚のヒレ肉も低エネルギー、低脂肪、高たんぱく質で、その上、疲労回復やアルコール代謝を促すビタミンB_1がたくさん含まれています。

私たちが食事によって得たエネルギーは、日常生活や運動、睡眠など、あらゆる状態で消費されています。消費エネルギーは、基礎代謝、身体活動、そして、「食事誘導性熱産生(DIT)」により構成されています。たんぱく質の多い食事をすると、脂質や炭水化物が多い食事よりもこの「食事誘導性熱産生」を高めることが報告されています。

食事は、食品から特定の栄養素だけを摂取している訳ではありません。バランスのよい食事の中で、脂質の少ない肉を選び、たんぱく質や必要な栄養素を上手に取り入れましょう。また、脂を取り除くひと手間や、「蒸す」や「網焼き」など調理法を工夫することで、おいしく食べ、無理のない体重・体質コントロールをすることが大切です。

第3章

鶏肉

【CHICKEN】

鶏の種類

「ブロイラー」とはどんな鶏?

「ブロイラー」とは、鶏の種類ではありません。肉用に品種改良された交雑種を約８週間かけて、2.6kg程度に肥育した「若鶏」のことを言います。やわらかい肉質が特徴です。

主に、白色コーニッシュ種の雄と白色プリマスロック種の雌を交雑した鶏を元に生産されています。品種改良が進み、体質が強く飼いやすく、短期間に大きく育つことから、鶏肉は安価な動物性たんぱく質食品となりました。

「ブロイラー」が普及する以前は、卵を産まなくなった採卵用の鶏を食用に回すのが一般的でした。鶏肉は、生後２００日を過ぎると、だんだん肉がかたくなってくると言われています。昔は産卵寿命の終わった親雌の肉が主流だったので、鶏肉といえば、歯ごたえのあるものというイメージをもっている年配の方も多いかもしれません。

TOPICS

「地鶏」と「銘柄鶏」の違いは？

「地鶏」とは、在来種である比内鶏、薩摩鶏などの交配種で、「比内地鶏」「薩摩地鶏」などの名前で販売されています。「地鶏」と表記するためには、50％以上の在来種の血が入っていること、80日間以上の飼育期間、１㎡あたり10羽以下で飼育することなどが、JAS法で定められています。飼育期間が長いので、肉はしまっていて歯ごたえがあります。

一方、「銘柄鶏」とは、肉質のよい鶏との交雑種、飼育期間を長くしたり、よもぎや海藻など低エネルギーな飼料を与えるなど、工夫して肥育した鶏肉に、各地の生産・出荷団体が固有の名前を付けたものを言います。全国には150種類以上の「銘柄鶏」があると言われています。

部位

- A もも……p94
- B むね……p95
- C ささみ……p96
- D 手羽先……p97
- E 手羽元……p98
- F 砂肝……p99
- G レバー
- H ハツ
  - (G・H) キモ……p100
- I ナンコツ……p102
- J キンカン……p103
- K がら……p104
- L 皮……p104

栄養

低エネルギーで高たんぱくな食肉

鶏肉は、牛肉や豚肉に比べて、低エネルギー、高たんぱく質な食材です。エネルギーの４割以上は皮に含まれているので、皮なしで調理すれば、さらにカロリーを減らすことができます。また、鶏皮やレバーにはビタミンAが多く含まれています。

I ナンコツ 生	L 皮 むね、生
54	466
12.5	9.4
0.4	48.1
47	3
0.3	0.3
0.03	0.02
0.03	0.05
29	110

TOPICS

鶏肉は生で食べてもOK?

鶏刺し、牛肉のレバ刺し、ユッケなど、食肉を生で食べることは絶対に安全とは言えないためやめましょう。食肉の生食により、カンピロバクター菌による食中毒や腸管出血性大腸菌食中毒（O157など）が全国的に発生しています。新鮮であっても、菌が付着している肉を生で食べると食中毒になる危険性が高まります。食肉は流通過程で衛生的な処理がなされていますが、それでもリスクはゼロではありません。特に鶏肉については、生食用の衛生基準がないため、取り扱い店の衛生管理により、危険性は異なります。しかし、これらの菌は熱に弱いので、しっかりと加熱することで食中毒の予防はできます。また、家庭での調理の際は、きちんと手を洗って調理をはじめ、食材を扱った後もしっかりと手洗いをすることを心がけましょう。

TOPICS

鶏肉のたんぱく質の効果は？

鶏肉のたんぱく質に含まれる必須アミノ酸のひとつメチオニン。メチオニンは、主に肝臓内に入ってきた毒素や老廃物を排除し代謝を促進させ、また、脂質の代謝に重要なアミノ酸です。

また、たんぱく質は、筋肉や髪の毛、爪など体を構成する部分の主成分で、代謝活動にも必要な栄養素です。低エネルギーで高たんぱくな鶏肉は、新陳代謝を活発にしてダイエットをしたい人や、筋肉量を維持したい高齢者などにもおすすめの食肉です。

食品成分表

若鶏 可食部100g当たり	A もも 皮つき、生	B むね 皮つき、生	C ささみ 生	D・E 手羽 皮つき、生	F 砂肝 生	G レバー 生	H ハツ 生
エネルギー (kcal)	**190**	**133**	**98**	**189**	**86**	**100**	**186**
たんぱく質 (g)	16.6	21.3	23.9	17.8	18.3	18.9	14.5
脂質 (g)	14.2	5.9	0.8	14.3	1.8	3.1	15.5
カルシウム (mg)	5	4	4	14	7	5	5
鉄 (mg)	0.6	0.3	0.3	0.5	2.5	9.0	5.1
ビタミン B_1 (mg)	0.10	0.09	0.09	0.07	0.06	0.38	0.22
ビタミン B_2 (mg)	0.15	0.10	0.11	0.10	0.26	1.80	1.10
コレステロール (mg)	89	73	66	110	200	370	160

調理

下準備は?

皮と肉の間についてる余分な脂肪(黄色い脂肪)は、包丁で皮をこそげるようにして取り除きます。また、肉と肉の間にある脂肪の塊はキッチンバサミで取り除くと簡単です。もも肉などの白く幅広のスジは、2～3cm間隔で切れ目を入れてスジ切りをしましょう。

焼くときは?

フライパンなどで焼くときは、皮を下にして入れて、中火で脂を出すように焼きます。皮を先に焼くことで、余分な脂が抜けて皮はパリッと中はジューシーに仕上がります。

保存はきく?

鶏肉は傷みやすいため、購入したら翌日までに食べ切ることが基本です。保存をするなら、新鮮なうちに、下茹でをしたり、塩やオリーブオイルでマリネしたりして下味を付けるなど、下ごしらえをしてから1回分ずつに小分けして保存しましょう。冷凍保存の目安は約1か月。ささみなどは1本ずつをラップで包み、さらに密閉容器や保存用ポリ袋に入れておきましょう。

新鮮な肉は、肉や脂肪
に透明感がある。

丸鶏

【WHOLE】

DATA

煮　焼　揚　湯

［主な用途］
ロースト、スモーク、フライ、スープなど

［調理のポイント］
購入したらその日のうちに加熱処理する。

TOPICS

「鶏ガラ」も無駄なく

骨に残った肉をきれいにかき取り、無駄なく食べましょう。残った骨はスープ用に一旦冷凍しておきます。106ページのレシピを参考に、香味野菜やスパイスを加えて、スープストックを作りましょう。

肉付きのよさが品質の決め手に

「ローストチキン」に使われる丸鶏。韓国薬膳料理では「参鶏湯（サムゲタン）」でおなじみです。通常、腹腔から内臓などを取り出した状態で販売されています。骨付きなので、肉の縮みやパサつきがなく、食べ終わった骨は鍋でじっくりと煮込むことで、本格的な鶏ガラスープを作ることもできます。全体的にふっくらとした肉付きのよいもの、胸の中央に走る竜骨が尖って見えないものを選びます。丸鶏中抜きの中サイズで約1.2kgが目安と考えておくとよいでしょう。

鮮度がよいと、皮の毛穴が盛り上がっている。

TOPICS

ローストチキン

【材料】丸鶏…１羽、天然塩、黒胡椒、たこ糸

【下準備】①腹腔内から脂を取り出す。②鶏の表面、おなかの中を洗う。③塩を手に取り、鶏全体にすり込む。おなかの中にも多めにすり込む。④手羽先を鶏の背のほうにまわして、形を整える。関節を折らないように注意する。⑤たこ糸で尻に両足を引き込むように縛る。足は開かないように揃える。⑥全体に黒胡椒をふり、室温で１～２時間置く。

【作り方】①【下準備】の❶で取り出した脂を鍋に入れて火をかけ、鶏に塗る脂を作る。②オーブンを200℃に予熱し、❶の脂を鶏全体に塗る。③オーブンで約１時間強焼きながら、鶏の表面が乾いたら脂を塗る。④鶏を取り出し、尻を下に傾けて、透明、または黒ずんだ液体が出てきたら焼き上がり。鮮血色の液体が出てきたら、オーブンに戻す。

味が濃厚なもも肉。焼くときは、皮面から火を入れる。

もも

【LEG】

肉厚で弾力がある新鮮なものを

もも部分の肉で、ほかの部位に比べて筋肉質なため、肉質はかためですが、味にコクがあります。肉色も赤味が強く、味もはっきりしています。たんぱく質、脂肪が多く、鉄分は鶏肉中最大。骨付きのものをカレーやシチュー、煮込みにするとよい味が出ます。肉に厚みがあり、肉や脂肪に透明感があるものが新鮮です。

DATA

煮 蒸 焼 揚 挽

[主な用途]
照り焼き、ロースト、フライ、唐揚げなど

[調理のポイント]
骨の近くに旨味があるので、フライや煮込みには骨付きを使うとコクが出る。

TOPICS

「ドラムスティック」とは？

フライドチキンでよく見かける、骨付きもも肉の下半分、骨付きしたももを「ドラムスティック」と呼びます。骨付きうわももは「サイ」と呼ばれ、合わせて「レッグ」と言います。

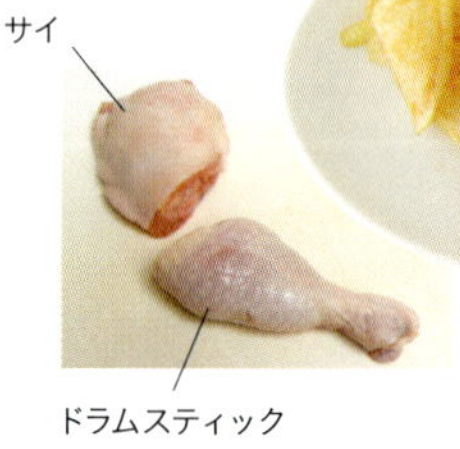

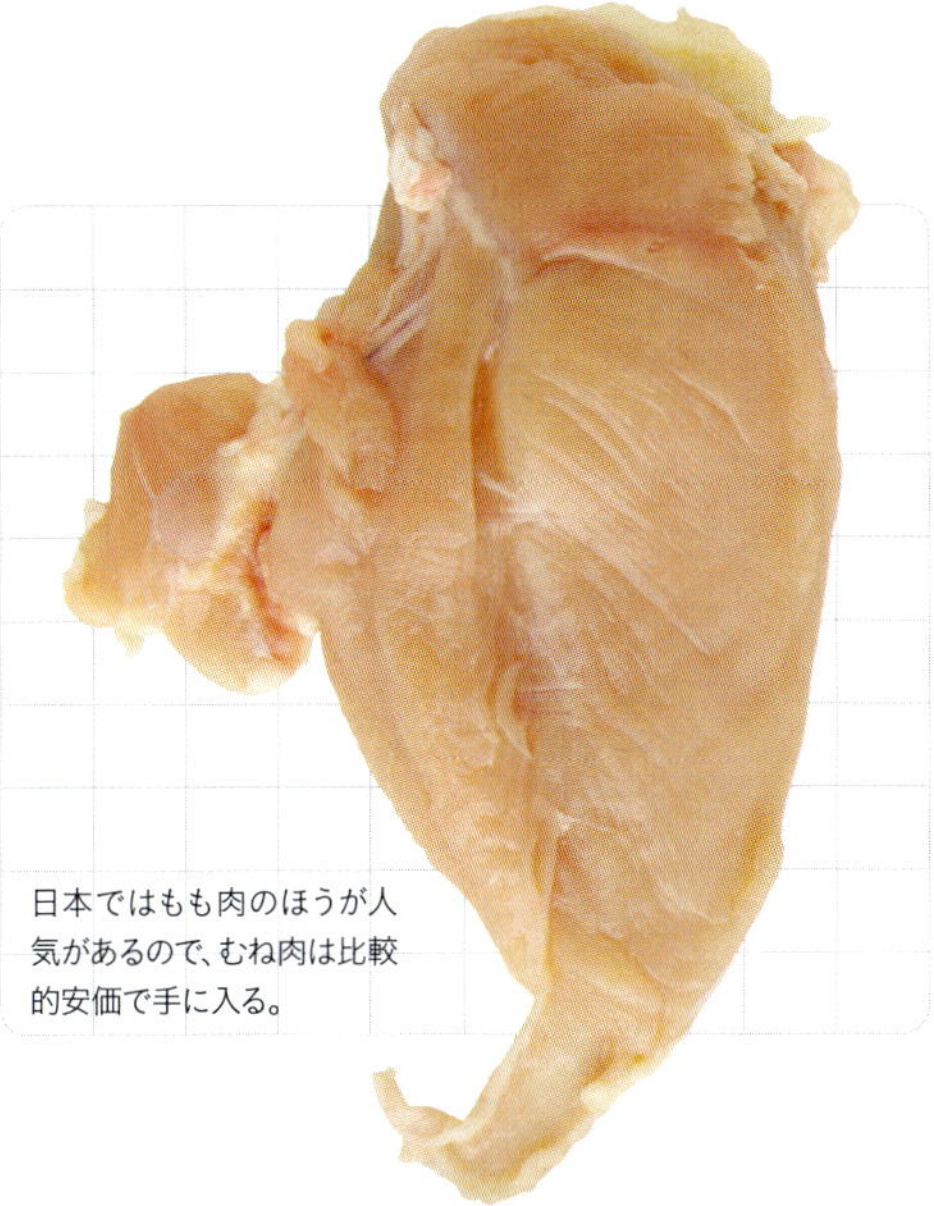

日本ではもも肉のほうが人気があるので、むね肉は比較的安価で手に入る。

むね

【BREAST】
ロース、手羽肉

たんぱく質が多く脂肪が少ない白身肉

手羽を取り除いた胸の部分で、脂肪が少ないためエネルギーが低く、たんぱく質が多い部位です。肉質はやわらかく、味は淡白なため、油の風味を活かした料理に適しています。むね肉は、古くなるとすぐドリップが出るので、鮮度の目安にしましょう。しっかりと厚みがあり、透明感のあるピンク色のものが上質です。

DATA

蒸　焼　揚　挽

[主な用途]
唐揚げ、フライ、蒸し鶏、焼き鳥、炒め物　など

[調理のポイント]
脂肪が少ないので煮込みには向かない。

TOPICS

マリネをして下準備

鶏の「むね肉」は調理前に、塩と胡椒などで15分ほどマリネしておくとよいでしょう。ソテーにする場合はオリーブオイルを加えて、蒸し鶏にする場合は酒をプラスします。ポリ袋に材料を入れて軽くもみ込んで漬け込みます。

TOPICS

「かしわ」とは？

鶏の羽の色が柏の葉の色に似ていることから、西日本で鶏肉のことを「かしわ」と呼びます。そのほか、鹿肉を「もみじ（紅葉）」、猪肉を「ぼたん（牡丹）」、馬肉を「さくら（桜）」と呼び、肉食がタブー視されていた時代に隠語として使われていたそうです。

低エネルギーで高タンパクなのでダイエットに最適。

ささみ

【TENDER】

日本人に愛される鶏肉の中の「ヒレ」

形が笹の葉に似ていることから名付けられたささみは、鶏の深胸筋で、「第二胸筋」とも呼ばれます。両むね肉の内側に胸骨に沿って1本ずつあり、もっともやわらかい部位です。牛肉や豚肉の「ヒレ」にあたり、脂肪は少なく、たんぱく質は鶏肉中一番多いのが特徴です。透明感のある淡いピンク色のものが新鮮です。

DATA

煮 焼 揚

[主な用途]
酒蒸し、サラダ、和え物　など

[調理のポイント]
揚げ物にして、油の旨味をプラスするとよい。調理前に、スジや薄い膜を取り除くこと。

TOPICS

「ささみ」のスジを取る

白くて幅の広いささみのスジは、加熱してもかたいので調理前に取り除きましょう。スジがある面を下に置き、スジの端を利き手で押さえて、包丁の背で肉を押さえながらスジを引き抜きます。スジを取り除いたささみが売られている場合もあります。

TOPICS

冷凍してストック

ささみは傷みが早いので、使い切れない場合はすぐに、ささみのスジを取り除き、1本ずつラップで包んで保存袋に入れて冷凍しておきましょう。また、一度茹でて冷ましてから冷凍すると調理に便利です。解凍は自然解凍がおすすめ。

骨を抜いて中に具を詰めて揚げれば「手羽先餃子」に。

手羽先

【WING TIP】

コクがあり水炊きに最適

鶏の翼の部分は、「手羽元」と「手羽先」に分かれ、さらに手羽先の先端(手指部分)を落としたものを「手羽中」と言います。手羽先は肉は少ないけれどやわらかく、ゼラチン質や脂肪が多いので、濃厚な味わいが魅力です。煮物や揚げ物に、また水炊きにすると骨からよいだしがとれるでしょう。

DATA

煮 蒸 焼 揚 湯

[主な用途]
スープ、カレー、煮物、揚げ物　など

[調理のポイント]
骨付きなので劣化が早い。早めに使い切る。

TOPICS

「手羽先」で作る「チューリップ」

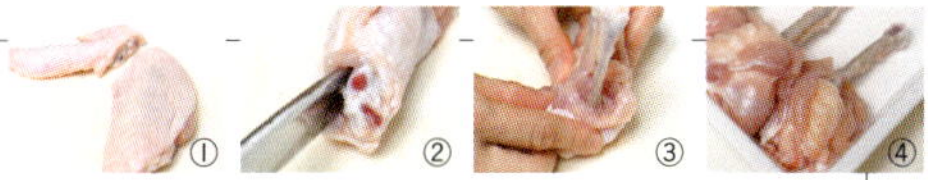

手羽先で作る細い骨付きの唐揚げは、その姿から「チューリップ」と呼ばれます。

【作り方】

①手羽先の先端を包丁で切り落とし、手羽中とに分ける。
②手羽中の太い骨に沿ってキッチンバサミを入れ、骨と腱を切り離す。
③切り離した部分(骨側)を上にして、肉を押し下げるようにずらす。
④ずらした肉の内側に親指を入れて、肉と皮を裏返したらでき上がり。
⑤手羽中は唐揚げに、❶で切り落とした先端は捨てずにスープのだしに使用して。

むね肉に近いので脂肪が少なくやわらかいのが特徴。

手羽元

【WING STICK】

肉付きのよい骨付き部位

手羽元は、「ウイングスティック」と呼ばれます。手羽の中では一番胸に近い部位なので、肉付きがよく食べごたえがあります。脂肪が少ないので手羽先よりはあっさりとした淡泊な味ですが、肉質はやわらか。骨からよいだしが出るので、煮込み料理やスープにもおすすめです。

DATA

煮 焼 揚 湯

[主な用途]

炒め物、揚げ物、煮込み　など

[調理のポイント]

煮込み過ぎると肉がボロボロになるので注意する。

TOPICS

「手羽元」の酢醤油煮

【材料】

手羽元…８本、ゆで卵…２個、大根…1/4本、しょうが…１片、にんにく…１片、油…少々

A（酢…1/2カップ、醤油…1/2カップ、水…50cc、砂糖…大さじ3）

【作り方】

①卵はゆで卵にして殻をむく。大根は2cm厚の半月切りにして茹でる。

②しょうがは皮ごと薄切りに、にんにくは包丁の腹でつぶしておく。

③鍋に油を熱して手羽元を焼き、焼き目がついたら、Aと❶のゆで卵、大根を入れて煮立たせる。

④煮立ったら落としブタをして、弱火で30分煮込めば、でき上がり。

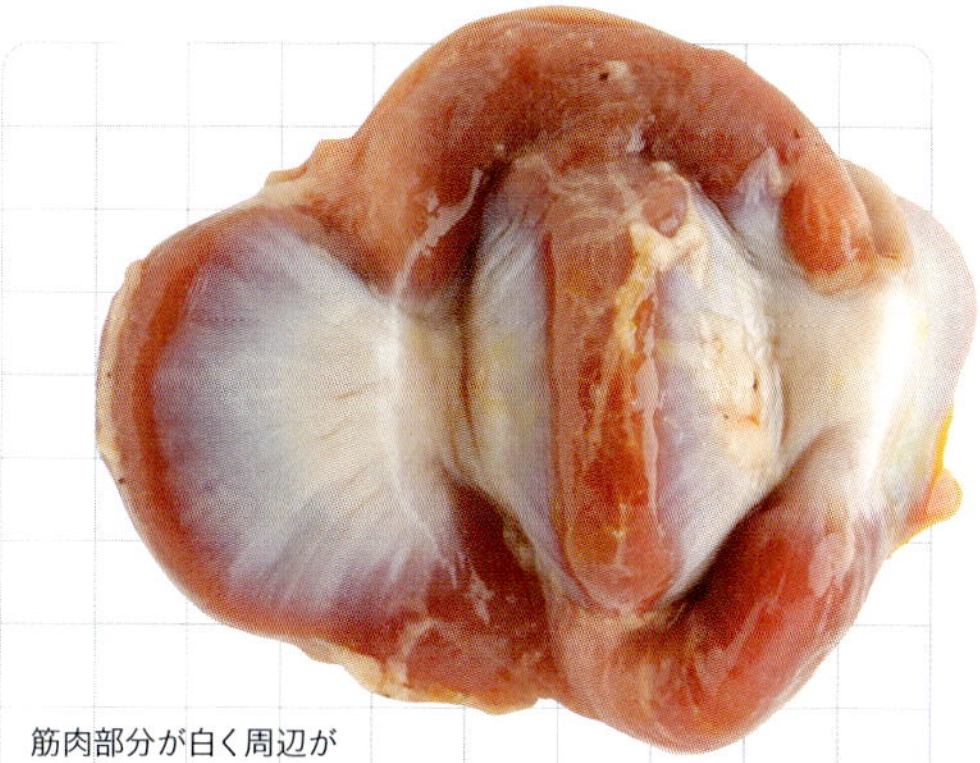

筋肉部分が白く周辺が青みを帯びているものが新鮮。

砂肝

【GIZZARD】
筋胃、すなぶくろ、すなずり
さのう、ずり

コリコリとした食感がクセになる

胃の筋肉の部分で、「すなぶくろ」などたくさんの呼び名をもつ人気の部位です。鶏は消化器系が発達していないため、この部分に砂を蓄え、餌として食べたものを潰して消化する手助けをしています。そのため筋肉が発達し、コリコリとした歯ざわりが特徴です。内臓ですがクセがなく、高たんぱく質、低エネルギーです。

DATA

煮　焼

[主な用途]
しょうがをきかせた煮物、唐揚げ、炒め物　など

[調理のポイント]
かたいので薄切りにして利用するとよい。

TOPICS

青白い部分は削ぎ取る

市販の砂肝は、スジは取ってあるものがほとんどですが、青白い筋肉部分はかたいので、包丁を寝かせてこそげるようにして削ぎ取るとよいでしょう。調理の際は、白い皮の部分も取り除き、赤い身の部分を半分に切って使いましょう。

TOPICS

胃の調子が悪いときは「砂肝」を

薬膳には、内臓が不調のときは、牛や豚、鶏などの副生物の中で、似た臓器を食べることで、不調を改善することができるという考え方「似類補類（にるいほるい）」があります。薬膳では、砂肝は胃もたれなど胃の不調を改善する食材とされています。

キモ

【GIBLETS】
きも

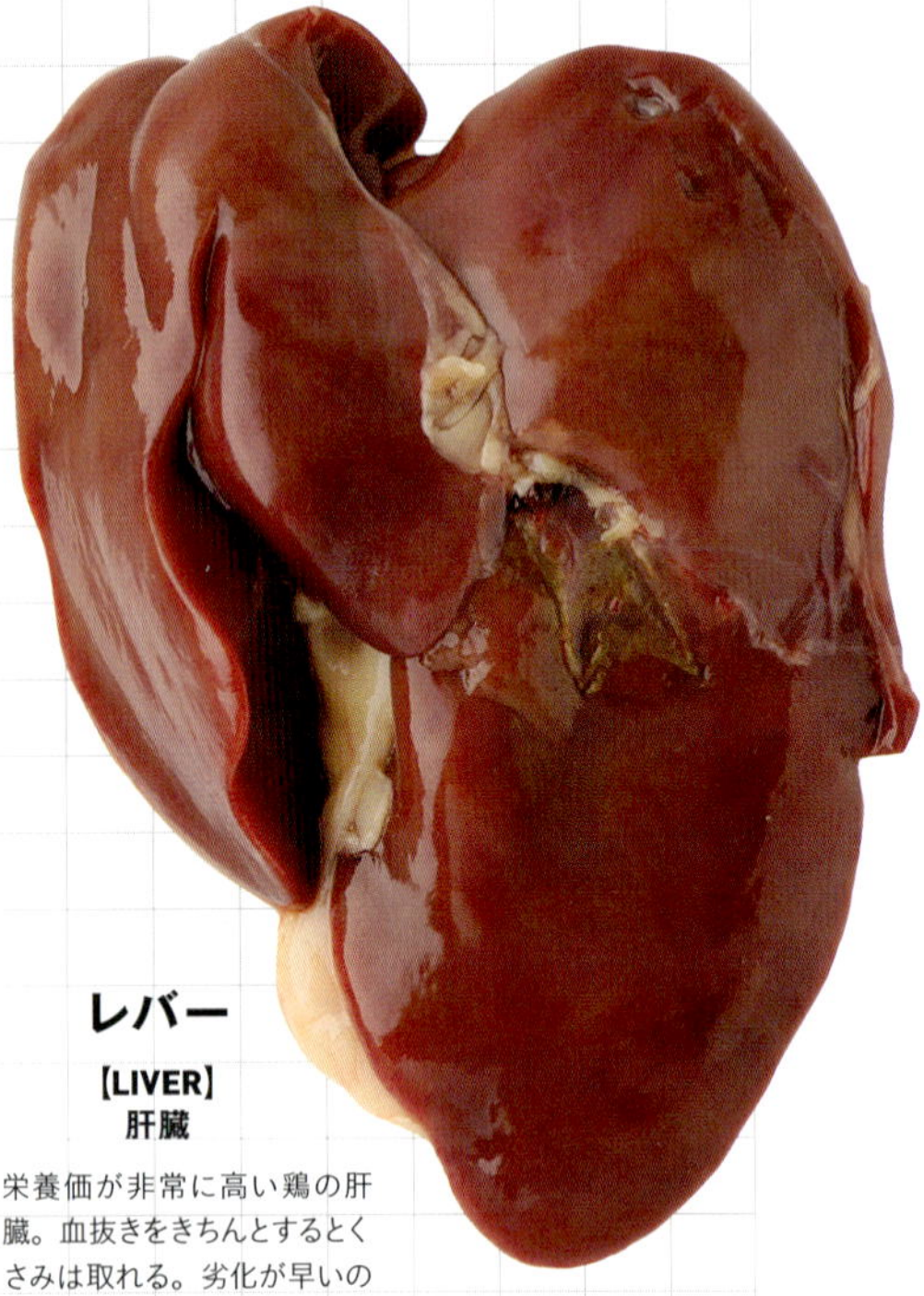

レバー

【LIVER】
肝臓

栄養価が非常に高い鶏の肝臓。血抜きをきちんとするとくさみは取れる。劣化が早いので、すぐ調理する。

TOPICS

「レバー」の下処理

流水で洗い流し、くさみが気になる場合は冷水に30分ほど浸けるか、または、牛乳に30分ほど浸して血抜きをします。調理する際は、にんにく、ねぎ、しょうが、にらなどの香味野菜と一緒に調理するとよいでしょう。

DATA

煮 焼

[主な用途]
焼き鳥、煮物、揚げ物、炒め物、レバーペースト　など

[調理のポイント]
脂をよく取り除く。また、緑色のところも取る。

鶏キモはクセがなく食べやすい

鶏の「キモ」は、「レバー」と「ハツ」が一緒に販売されていることが多い部位です。レバーはやわらかく、ハツは独特な歯ざわりが楽しめます。どちらもクセがなく食べやすく、ビタミンや鉄を多く含みます。特に、レバーは、ビタミンAが豚レバーについで多く含まれる食肉なので、肌が荒れたり風邪をひきやすかったり、免疫力が低下している人におすすめです。

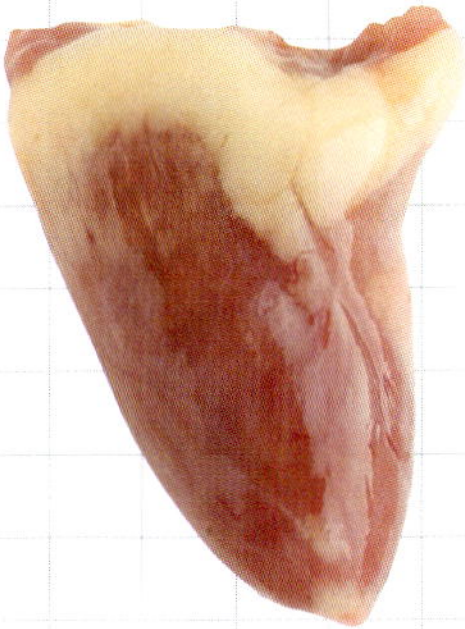

ハツ

【HEART】
心臓

鶏の心臓。レバーに付いた状態で売られている。心臓の上部には黄色っぽい脂肪や血管、スジなどが集まっている。

TOPICS

「ハツ」の下処理

「ハツ」は意外に脂肪が多く、特に三角形の下側に黄色い脂肪が付いているので、これを包丁でそぎ取ります。縦半分に切り、中の血の塊を刃先を使ってかき出したら、冷水にさっとさらします。調理の前にはしっかりと水気を切りましょう。

TOPICS

「白レバー」とは？

焼き鳥屋などで見かける「脂肝（あぶらぎも）」とも呼ばれる鶏の脂肪肝のこと。「鶏のフォアグラ」とも言われ、100羽に10羽程度しかとれない希少部位です。通常のレバーよりもきめ細かでコクがあり、クリーミーな食味が人気です。

鎖骨のすぐ下にある胸の軟骨。むね肉ともも肉に付着する。

ナンコツ

【CARTILAGE】
ぐりぐり、小骨軟骨、げんこつ

食感が楽しい ビールのおつまみ

鳥類の特徴である胸骨の先端の部位です。比較的やわらかく、コリコリとした食感が楽しめます。鶏肉の中で最もエネルギーが低いのが特徴です。ナンコツには、胸骨のほかに「胸軟骨」やももの関節にある小骨軟骨「ぐりぐり」、ひざの軟骨「げんこつ」などもあり、唐揚げや串焼きなどで食べることができます。

DATA

煮 蒸 焼 揚 挽 湯

[主な用途]
唐揚げ、焼き鳥、軟骨入りハンバーグ、つくね　など

[調理のポイント]
火を通し過ぎるとかたくなり、黄色く変色する。

TOPICS

照り焼き「ナンコツ」入りハンバーグ

【材料】 ナンコツ…100g、鶏むね肉…1枚（200g）
A（しょうが…1/4片、ねぎ…1/2本、卵…1/2個、片栗粉…少々、醤油…小さじ1、胡椒…少々、油…適量）
B（醤油…大さじ3、みりん・酒…大さじ1、砂糖…小さじ1）

【作り方】
①ナンコツ、むね肉をフードプロセッサーでミンチにする。
②ボールに、❶とAを入れてよく練り、形を整える。
③フライパンに油を敷いて❷を並べ、焼き色が付いたら、フタをして弱火で中までじっくりと火を通す。
④焼き上がったら、一度皿に上げて、Bをフライパンに入れて煮詰める。
⑤フライパンにハンバーグを戻して、照りを付ければでき上がり。

卵を産み終えた雌鶏（採卵鶏）しか持っていないので、非常に珍しい。

キンカン

【GIBLETS】
ちょうちん、玉ひも

甘辛く煮付けてもつ煮に

山梨ご当地グルメで有名な「鳥もつ煮」などに入っている黄色いもの。これは、「キンカン」と呼ばれ、鶏の体内で成長途中の卵の名称で、採卵鶏の卵巣です。鶏の卵は体内で数珠のような状態にあって、最初は殻も白身もなく、黄身だけが存在しています。味は黄身よりあっさりとしていて、熱が入るとふわふわとした食感です。

DATA

煮 焼

［主な用途］
煮込み、串焼き　など

［調理のポイント］
卵黄が潰れないように一度下茹でしてから、串に刺すとよい。加熱し過ぎるとかたくなるので注意。

TOPICS

鳥もつ煮

【材料】
レバーとハツ…300g、キンカン…100g、しょうが…1/4片
A（醤油…大さじ4、砂糖…大さじ4、酒…大さじ2、みりん…大さじ2、水…1カップ）

【作り方】
①レバー、ハツ、キンカンと、しょうがを水から下茹でする。沸騰したら2～3分煮て火を止め、流水で洗い流す。
②❶を食べやすい大きさに切る。キンカンはそのまま。
③鍋にAを入れて火にかけ、❷を入れる。
④鍋底が焦げつかないように、ヘラで返しながら煮詰める。照りが出ればでき上がり。

鶏肉 ◉ キンカン

がら
【CHICKEN BONES】

滋養あふれる鶏がらスープに

鶏の骨のうち、首から腰までの骨を指します。鶏の旨味やコクはもちろん、ビタミン類やコラーゲンなど栄養もたっぷり溶け出したスープは、ラーメンスープの定番。和洋中さまざまな料理にも使えます。作り置き（106ページ参照）がおすすめです。

DATA

湯

［主な用途］

ブイヨン、スープ、白湯　など

［調理のポイント］

ブイヨンを取るとき沸騰させた後、弱火で短時間煮込み、ろ過すると透明なスープに。強火で長時間煮出したら白濁したスープになる。

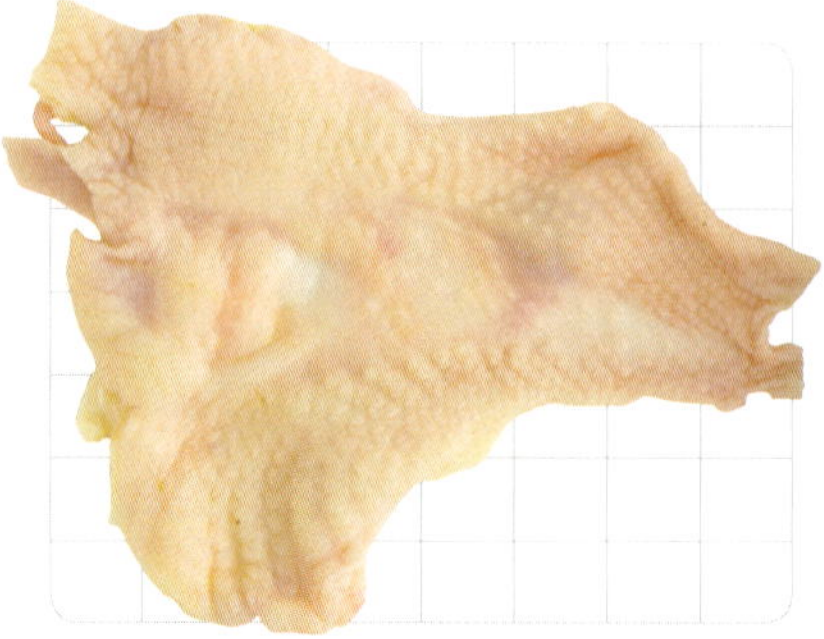

皮
【SKIN】

旨みが強いので料理のコク出しに

脂肪の量が多く、エネルギーはささみの約5倍にもなりますが、味は濃厚で旨味が強いのが特徴です。皮は、鶏の胴体よりも首のほうが味があると言われています。中国料理では、皮を蒸して抽出した脂肪「鶏油」を作って炒め物などに利用しています。

DATA

煮　焼　揚

［主な用途］

唐揚げ、網焼き、炒め物、煮物、和え物　など

［調理のポイント］

皮の裏の黄色い脂肪を除き、さっと茹でて冷水に取り、余分な脂やにおいを洗い流してから調理するとよい。

COLUMN

スープストックを作る

肉に含まれている旨味成分を充分に堪能できるのが、「スープストック（だし）」です。おいしいスープを取るためには、新鮮な肉を使いましょう。取ったスープは、煮込み料理やソース、野菜を足してスープやシチューと幅広く利用できます。「スープストック」を取るときには、肉のくさみを取り除き、風味を引き出す香味野菜やスパイスを加えます。洋風にするか、和風や中華風にするかによっても、選ぶ香味野菜やスパイスは異なりますが、味付けは実際に料理に使うときにもできるので、冷蔵庫のあまり野菜などで充分です。冷蔵庫や冷凍庫に作り置きをしておくと、とても重宝します。

牛肉
「テール」で作るスープストック

【材料】テール…2kg、A(香味野菜：にんじん／セロリ／たまねぎ、ローレル、黒胡椒)、塩…少々
【手順】①テールは氷水につけたまま冷蔵庫で一晩置いて血抜きをし、翌日軽く洗って水気を切る。②鍋に❶のテール、Aを入れて、肉がかぶるほど水を入れて火にかける。③沸騰したらアクをすくい、中火から弱火で肉がやわらかくなるまで煮込む。④肉がやわらかくなったら取り出し、スープはざるで漉してから少し煮詰めて、塩で薄く調味すればでき上がり。冷やすととろみが出て、濃厚なだしに。

やわらかくなったテール肉と煮込んだ野菜を使った「テールスープ」の一皿。スープはストックし、具材のみ、マスタードとオリーブオイルを付けて食べてもおいしいです。

豚肉
「挽肉」で作るスープストック

【材料】挽肉…1kg、A(香味野菜：にんじん／セロリ／パセリの軸、ローレル、黒胡椒)、塩…ひとつまみ

【手順】①挽肉は、すねやももなどの部位で中挽き程度のものがよい。塊肉を購入して、フードプロセッサーを使ってもOK。②鍋に❶の挽肉、A、塩を入れて、挽肉と水が1:2となる水を入れて火にかける。③沸騰したらアクをすくい、弱火で4時間ほど煮込む。④煮込みが終わったら火を消して30分ほど置く。スープはキッチンペーパーや布で漉してから再度煮詰めればでき上がり。煮込み終わった挽肉は、そぼろなどに利用できる。

だしは煮沸したビンなど保存容器に移して冷蔵庫に保存すると便利。1週間ぐらいで使い切りましょう。冷やすと表面に脂肪の層ができることがあります。

鶏肉
「がら」で作るスープストック

【材料】がら…1kg、A(香味野菜:たまねぎ／ねぎ／しょうが、唐辛子、白胡椒)、塩…ひとつまみ

【手順】①がらは流水でよく洗い、水気を取っておく。②鍋に❶のがら、A、塩を入れて、がらと水が1:2となる水を入れて火にかける。③沸騰したらアクをすくい、弱火で4時間ほど煮込む。④煮込みが終わったら火を消して30分ほど置く。スープはキッチンペーパーや布で漉してから再度煮詰めればでき上がり。もう一度漉すと、透明な濃度の濃いスープが取れる。

だしは大きめの製氷皿に移して冷凍保存すると便利。必要な分だけ鍋に入れて温めるだけ。3か月ぐらいで使い切りましょう。

第4章

そのほかの食肉

【DUCK】

【MUTTON】
【LAMB】

羊肉

【MUTTON】
【LAMB】

羊肉の分類

「ラム」と「マトン」の違いとは?

ラムは、永久歯のない生後12か月未満の羊。永久歯が生えてくるのが生後12か月ぐらいのため、これを過ぎるとマトンと呼ばれます。ラムはマトンよりもやわらかく、独特のくさみも少ないので、日本ではラムを食べることが多いようです。マトンは、主にジンギスカン料理やソーセージなどの加工品に用いられています。さらに細かく、生後9～16週を「ホットハウス」、16週～8か月を「スプリング」、8～12か月を「ラム」、1～2年を「イヤリング」、20か月以上を「マトン」と区別する場合もあります。

日本では主に、オーストラリアやニュージーランドから輸入された羊肉が流通しています。飼育頭数は少ないながらも、北海道などを中心に国産ラムの飼育・販売も行われています。

調理

くさみが強いときは?

ラムは脂肪の融点が高いので、冷めると脂肪分がすぐに凝固してくさみを感じます。くさみは脂肪分から感じることが多いので、料理するときは、あらかじめ脂肪を切り落としておくか、強火で調理し、途中、たまった脂肪を捨ててしまうのがよいでしょう。

肉色をピンク色に焼き上げたいときは?

羊肉をローストする際は、最初は強火で焼き色を付け、ある程度焼き上がったら、加熱をやめてそのまま保温状態で休ませます。肉の芯まで熱を加えきらずに、休ませてから切り分けることで、ピンク色の美しい羊肉を楽しめます。

部位

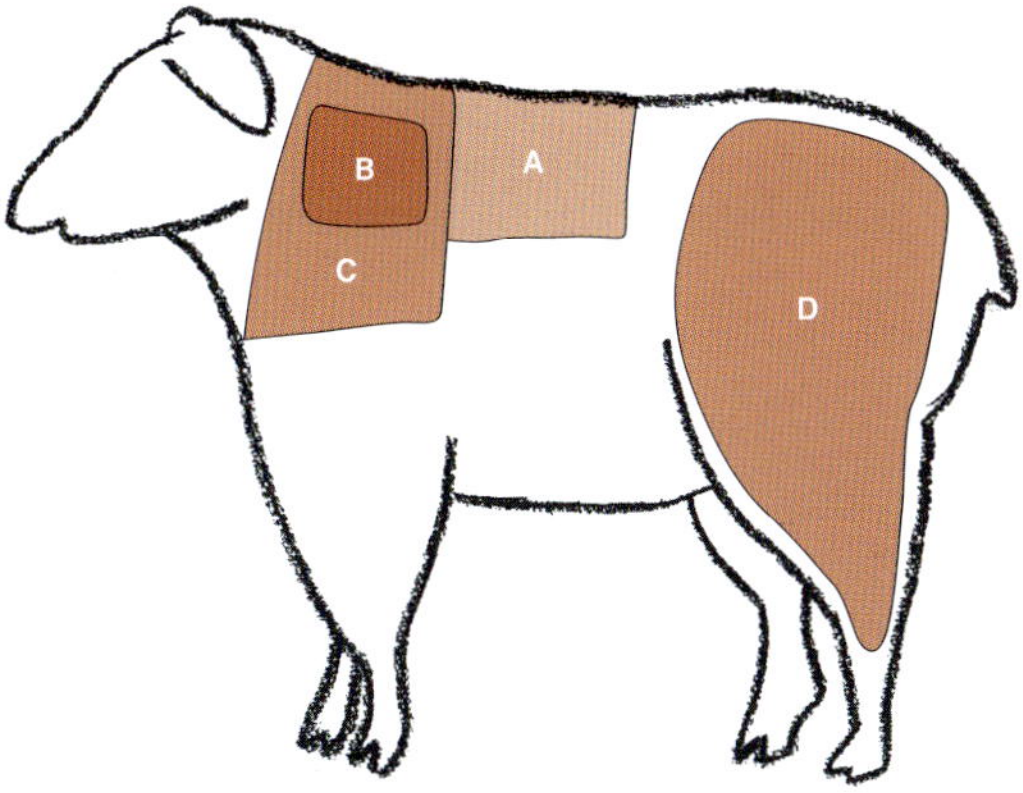

A 背肉……p110
B 肩ロース……p111
C かた……p112
D もも……p113

栄養

鉄分、ビタミンB群が豊富

羊肉は、代謝を促進するたんぱく質、血液を生み出す鉄分が多く、貧血や冷え症の人におすすめの食肉と言われています。また、羊肉には、ビタミンB_{12}やB_1などビタミンB群や亜鉛が豊富に含まれ、老化予防や美容によいヘルシーな食材として人気があります。

食品成分表

羊／ラム 可食部 100g 当たり	B ロース 脂身つき、生	C かた 脂身つき、生	D もも 脂身つき、生
エネルギー (kcal)	287	206	164
たんぱく質 (g)	15.6	17.1	20.0
脂質 (g)	25.9	17.1	12.0
カルシウム (mg)	10	4	3
鉄 (mg)	1.2	2.2	2.0
ビタミン B_1 (mg)	0.12	0.13	0.18
ビタミン B_2 (mg)	0.16	0.26	0.27
コレステロール (mg)	66	80	64

「ラムチョップ」など骨を活かした料理に使われる。

背肉

【LOIN】
ラック

やわらかく
香り高い赤身肉

牛肉でいうロースにあたる背中の部分で、「ラック」とその後ろのに続く「ショートロイン」を合わせて「ロングロイン」と呼びます。肉質は大変やわらかく、羊肉の中でも最上の部位です。上質なラムラックは、淡いピンク色で味もまろやかです。骨付きはそのままローストしたり、骨ごと切り分けてソテーや網焼きに。

DATA

焼

［主な用途］
ロースト、しゃぶしゃぶ　など

［調理のポイント］
骨付きは、骨と骨の間、脂肪の覆っている表面に包丁で切れ目を入れ、塩・胡椒をすり込むとよい。

［ブロック］

「背肉」には6〜8本の肋骨が含まれている。

TOPICS

骨付きラム肉のローストとハーブ

ラム肉をローストにする場合、塩・胡椒と同じように使いたいのが、ハーブです。フレッシュハーブなら包丁で細かく刻んで、ドライはそのままオリーブオイルと混ぜて、肉にすり込みます。ハーブは、ローズマリー、セージ、タイムがおすすめ。

やわらかい肉質でジンギスカンに欠かせない部位。

肩ロース

【CHUCK ROLL】
チャックロール

サシが適度でやわらかな極上肉

使いやすさで人気の「肩ロース」は、赤身と脂肪のバランスがよく、適度にサシが入っていて、旨味の強い部位です。ラム特有のにおいも少なく、やわらかいので食べやすいため、日本でも高級な食材として扱われています。厚切りにしてステーキや焼肉、トマト煮込みなどによいでしょう。

DATA

煮　焼

［主な用途］
ロースト、焼肉、煮込み　など
［調理のポイント］
スジが多いので、細かく分けて調理する方がよい。

TOPICS

羊肉に多い「亜鉛」「カルニチン」とは？

羊肉100gに、成人1日あたりに必要とする量のおよそ20%以上が含まれている「亜鉛」。免疫力をアップさせる働きがあり、病後の回復力を高めたり、情緒の安定や肌の調子を整えるなどの効果が期待されています。また、羊肉に豊富に含まれているのが、脂質代謝に関与する「カルニチン」です。体脂肪の燃焼に役立ち、ダイエット効果が期待される今注目の成分です。脂身をはずし、赤身の部分を中心に食べるとよいでしょう。

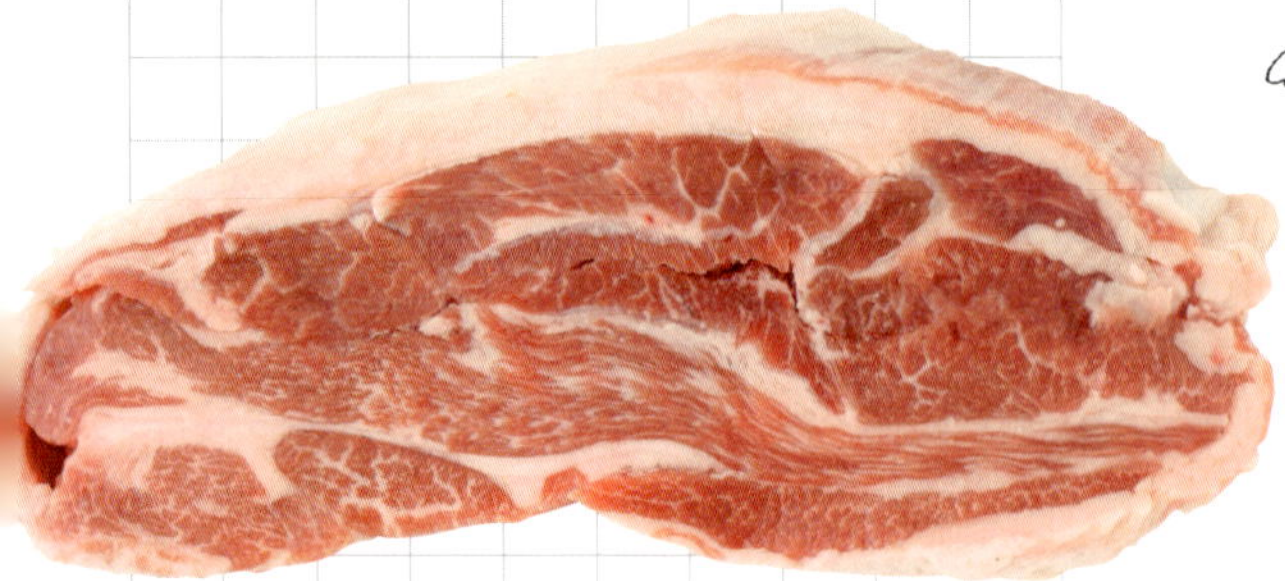

スジが多いので、肉目に垂直に薄切りにすると食べやすい。

かた

【SHOULDER】
ショルダー

羊肉特有のにおいが特徴的

肩を中心とした部位。脂肪が多く、脂肪の部分が羊肉特有のくさみが強いので、取り除いて調理します。もも肉に比べて、多少スジは多いですが、骨を抜いてロースト、薄切りにして焼肉、また煮込みにも利用できます。すねに近い部分は、かたいので加工品にすることが多いです。

DATA

煮　焼

［主な用途］
ロースト、焼肉、煮込み　など

［調理のポイント］
くさみの強い脂肪部分を取り除いてから調理するとよい。

TOPICS

「ショルダーロール」とは？

「ショルダーロール」「ラムロール」と呼ばれるのは、肩肉などの骨やスジを除き、ラム肉をスライスして巻き、形を整えたもの。冷凍品がほとんどですが、安価で使い勝手よく、火を通すとバラバラになるので、炒め物に加えるとよいでしょう。

TOPICS

クスクスと羊肉

北アフリカの料理「クスクス」。クスクスには、羊肉と野菜を煮込み、スパイシーに味付けたチリソースが有名です。唐辛子に、にんにく、クミン、コリアンダーなどを加えたエスニックな味付けで楽しみましょう。

あっさりしているので、羊肉初心者に適している。

もも

【LEG】
レッグ

最も脂肪が少ない羊肉の部位

腰から足にかけての後脚の部分。肉質は羊肉の中でも、最も脂肪が少なく、おいしいと言われています。骨付きのままローストしたり、スライスしてステーキ、煮込みなどさまざまな料理に使えます。「トップサイド」と呼ばれるうちもも部分は特にやわらかくて脂肪もなく、タタキなどに使われます。

DATA

煮 焼

［主な用途］
ロースト、ステーキ、焼肉、煮込み、串焼き、バーベキュー　など

［調理のポイント］
やわらかい部位はステーキやローストに、すねに近い部分などかたいところはカレーやシチューに使う。

TOPICS

細かい部位に分けると？

「レッグ」は、「アウトサイド（ナカニクシキンボー）」「インサイド（うちもも）」「シャンク（すねの先端）」「ナックル（芯玉）」「ランプ、チャンプ（ランイチ）」などに細かく分けることができます。

TOPICS

羊肉はお腹を温める

薬膳では、羊肉は熱性の性質を持つと考えられています。お腹を温め、冷えからくる腹痛や足腰の痛みを和らげてくれるでしょう。ただし、夏の暑い日やのぼせやすく暑がりな人、口内炎や赤みのある湿疹が出ているときは避けるほうがいいと言われています。

馬肉

【HORSE MEAT】

さくら肉、けとばし

DATA

生　煮

[主な用途]

馬刺、カルパッチョ、さくら鍋、加工品 など

馬刺やさくら鍋に独特な甘味が魅力

馬肉は、肉の断面が桜色をしているから、また、桜の咲く季節においしくなることから「さくら肉」と呼ばれます。肉質は牛肉よりもかたく、脂肪が少ないのが特徴です。独特の甘味やにおいがあるので、しょうがなどの薬味を添えて、刺身にしたり、味噌鍋に。馬刺には、赤身の部分とたてがみを使います。

山羊肉

【GOAT MEAT】

ヒージャー

DATA

煮　焼　湯

[主な用途]

ロースト、煮込み、チーズ、やぎ汁 など

「やぎ汁」は沖縄の伝統料理

滋養強壮によいと言われる山羊。沖縄では「ヒージャー」と呼ばれ、「やぎ汁」はもてなし料理として珍重されてきました。特有のにおいは雄の方が強く、肉質は羊肉に似ています。フランス料理では、香草をたっぷりと加えて、クセのある脂を抜くために低温で長時間ローストして食します。

鹿肉

【VENISON】

もみじ

DATA

生　煮　焼　湯

[主な用途]

ロースト、煮込み、パスタソース、たたき、刺身、汁物　もみじ鍋　など

フランス料理では最高級食材

狩猟時代から食用されてきた鹿肉。北海道では道内に広く生息しているエゾシカをよく食します。脂肪が少なく、淡白でさっぱりした味の赤身で、特有のにおいがありますが、たんぱく質、鉄、ビタミンB_1、B_2が豊富に含まれ、栄養的にも優れています。フランス料理ではジビエの中でも最高級食材として扱われています。

猪肉
【BOAR MEAT】
やまくじら、ぼたん

DATA
煮　焼　蒸

［主な用途］
赤ワイン煮込み、ミートソース、ぼたん鍋、みそ漬け　など

独特な風味 冬が旬のぼたん肉

豚の祖先である野生動物。日本では、北海道以外の山中に棲み、兵庫県丹波地方や静岡県天城地方などが有名です。肉質は、豚肉よりややかたく、独特のにおいがあります。すき焼きや味噌鍋にする「ぼたん鍋」が有名です。フランスでは仔猪を「マルカッサン」と呼び、ワイン煮など伝統的な料理があります。

熊肉
【BEAR MEAT】

DATA
煮

［主な用途］
熊手の煮込み、味噌鍋　など

滋養強壮によい 熊肉

日本では主に晩秋から冬が狩猟の時期にあたる熊。熊肉は、体を温め、滋養強壮によいとされています。特に熊の手足にはコラーゲンが豊富で、美容効果も期待できます。くさみを取るために何度も茹でこぼして煮込む「熊手の煮込み」は、中華料理では高級料理です。熊手は蜂蜜を食べる左手を使用すると言われています。

兎肉
【RABBIT MEAT】

DATA
煮　焼

［主な用途］
マリネ、ロースト、煮込み、味噌鍋 など

脂肪が少なく ローカロリーな兎肉

肉質は鶏肉に似てやわらかく、味は淡白だが独特の風味を持つ兎肉。結着性があるので、かつてはソーセージなどのつなぎ肉として用いられていました。野菜やハーブをたっぷり使った「赤ワイン煮」など、濃いめの味付けの料理にむいています。フランスやイタリアでは秋から冬が旬となる野生兎を珍重しています。

鴨肉

【DUCK】

鴨の種類

鴨にはどんな種類がある?

鴨には、野生の「マガモ」、アヒルと野生カモとの交配種「アイガモ」、ガチョウ、アヒルなどがあります。鴨料理のほとんどがアイガモを用いた料理です。

□マガモ…雄の頭部が緑色羽毛の種類。野生のマガモの旬は、狩猟解禁される冬場で、寒さが厳しくなると脂がのっておいしくなる。

□アイガモ…アヒルと野生のカモとの交配種。なかでもミュラール種は、フォアグラ（フォアグラ・ド・キャナール）用の品種として飼育されている。国内に流通する多くがアイガモの肉。

□ガチョウ…ガチョウの肉はドイツや中国で利用されることが多い。国内では、ガチョウの肝臓を肥大化させた「フォアグラ・ド・オア」がよく知られている。

□アヒル…野生のカモを家禽化したもので、高脂肪で肉がやわらかい。代表的な料理は「北京ダック」などのローストダック。卵は「ピータン」などに用いられる。

調理

選ぶなら?

肉色が鮮やかな赤色のものを選びましょう。また、ホールで購入するときは、尻がしまっていて、ずっしりと重みを感じる鴨を選ぶとよいでしょう。

冷製でもおいしいのは?

オードブルに供される鴨のロースト。冷製の鴨肉にオレンジの皮を煮詰めたビガラードソースをかけたフランス料理の定番です。鴨肉は脂肪の融点が低いので、口溶けがよく、冷製でもおいしく食べることができます。

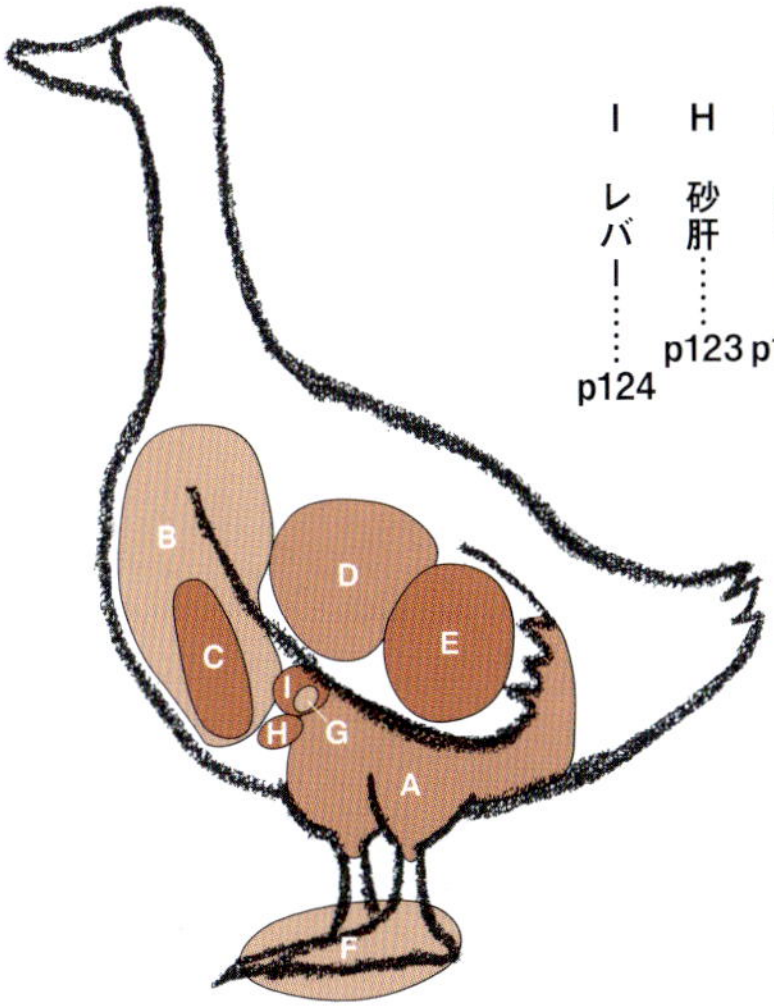

部位

A もも……p119
B むね……p120
C ささみ……p120
D 手羽元……p121
E 手羽先……p121
F 水かき……p122
G ハツ……p122
H 砂肝……p123
I レバー……p124

栄養

生活習慣病の予防が期待できる

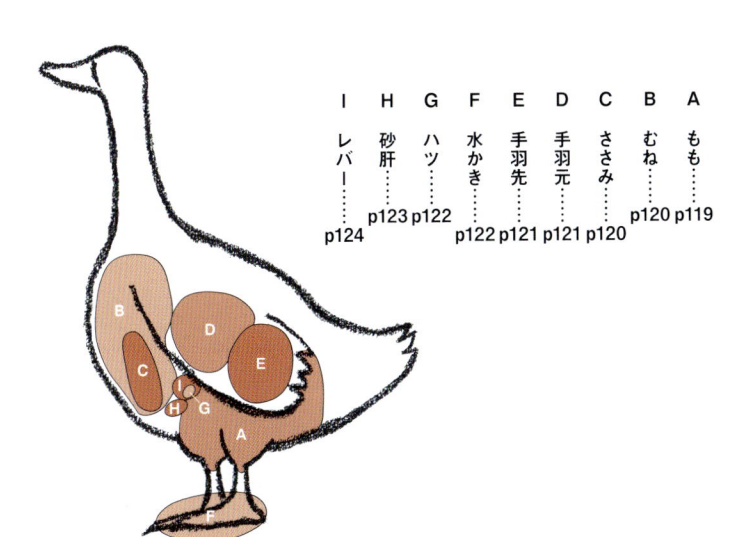

鶏肉よりも脂質が多いアイガモ。特に雌は皮下脂肪が多く、こってりとした味わいが特徴です。この脂質には、生活習慣病の予防や抗加齢、アレルギー緩和などが期待される不緩和脂肪酸が、赤身肉と比較すると多く含まれています。また、鴨肉には、ビタミンB群や鉄分も多く含みます。

食品成分表

鴨 可食部 100g 当たり	あいがも肉、皮つき、生	かも肉、皮なし、生	フォアグラ茹で
エネルギー（kcal）	333	128	510
たんぱく質（g）	14.2	23.6	8.3
脂質（g）	29.0	3.0	49.9
カルシウム（mg）	5	5	3
鉄（mg）	1.9	4.3	2.7
ビタミン B_1（mg）	0.24	0.40	0.27
ビタミン B_2（mg）	0.35	0.69	0.81
コレステロール（mg）	86	86	650

毛抜きされた皮のきれいなものを選ぶ。

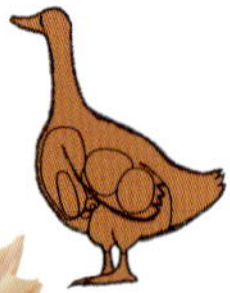

ホール

【WHOLE】
カナール

適度の脂肪とコクのある味わい

脂肪の旨味が強く、肉自体はあっさりとしていますが、独有のくさみがあり、野生のカモに近いほど強く、アヒルなど家畜化されたものは、あまり臭いません。一般的に、「鴨南ばん」や「鴨鍋」などで用いられる肉は、「アイガモ」と呼ばれるアヒルとマガモの掛け合わせたもので、雄雌の区別なく販売されています。

DATA

煮 焼

[主な用途]
コンフィ、北京ダック、煮込み、スモーク、治部煮、ロースト、サラダ　など

[調理のポイント]
良質な脂が多いので、炒める場合に油を敷かなくてもよい。

TOPICS

「鴨がねぎを背負ってくる」とは？

ことわざの「鴨がねぎを背負ってくる」とは、「好都合であること。願ってもないことのたとえ」です。鴨とねぎはとても相性がよい組み合わせ。滋養強壮に富む鴨肉と、肉のくさみを消すだけでなく、体を温める効果もあるねぎが揃うと、冬のごちそう「鴨鍋」の材料が思いがけず手に入ることからこう言われています。確かに、鴨自身がねぎを背負ってきたら、あとは捕まえるだけ、ですね。

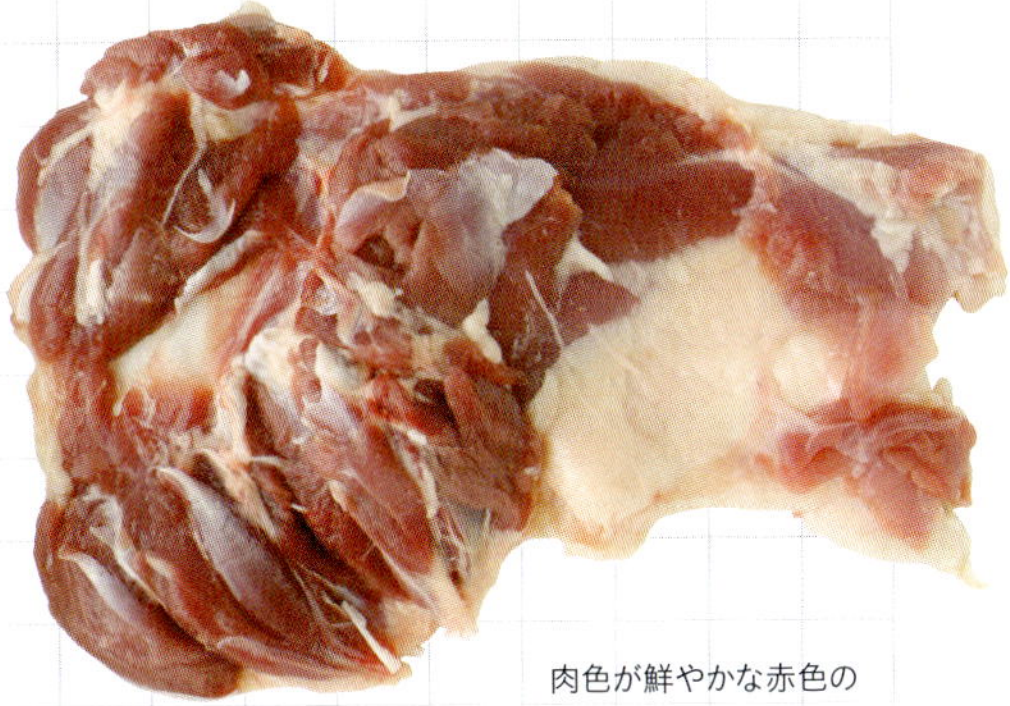

肉色が鮮やかな赤色のものを選ぶ。

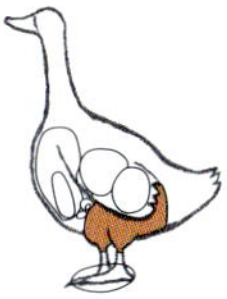

もも

【LEG】
鴨もも

肉質がかたいので スライスや煮込みで

もも肉は、厚い脂肪がしっかりと付いていて、肉色は深赤色です。むね肉に比べて、肉質はややかたいですがコクがあるので、鴨好きな人におすすめの部位。フランス料理のひとつ「鴨のコンフィ」では、もも肉に塩とハーブをまぶして油脂の中で低い温度で加熱調理します。「コンフィ」は冷凍技術のない時代の保存方法でした。

DATA

煮 焼

[主な用途]
コンフィ、煮込み、スモーク、治部煮、ロースト、サラダ　など

[調理のポイント]
あまり高温で焼かない。縮みやすい。

TOPICS

鴨肉の脂肪の特徴

鴨肉は牛や豚の脂肪と性質が異なります。牛や豚には飽和脂肪酸が多く、過剰に摂ると血中のコレステロールが上昇する傾向にあります。一方、鴨肉は肉類の中では不飽和脂肪酸が多いです。不飽和脂肪酸は、植物性の脂肪に多い成分です。また、融点が14℃と低いので、加熱後冷めた料理でもおいしく食べることができます。鴨肉の冷製やローストなど、調理の幅も広がります。

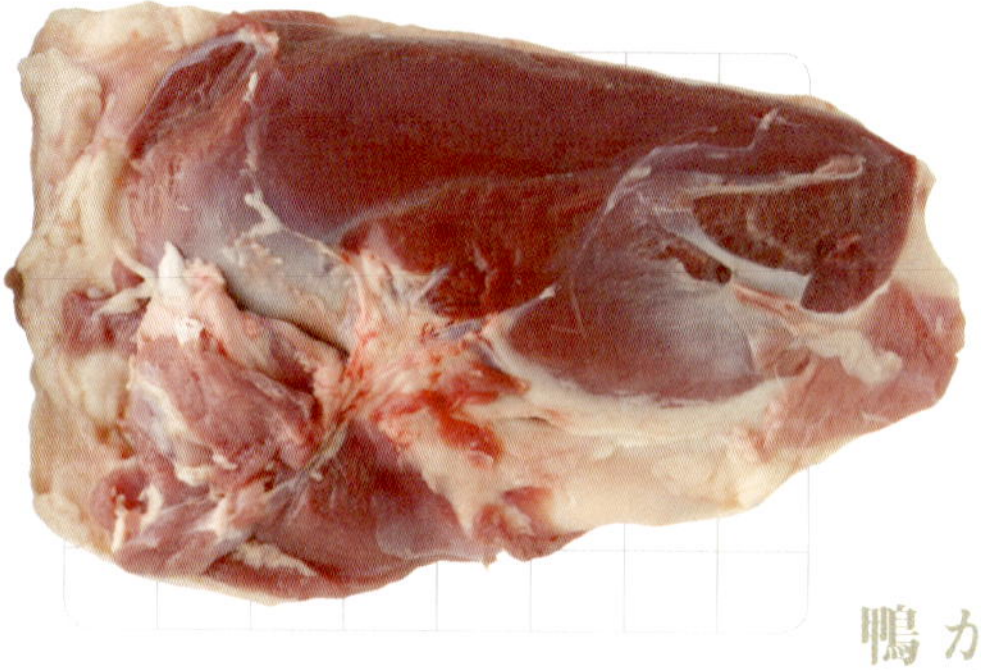

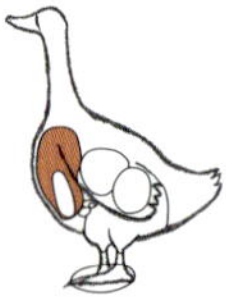

むね

【BREAST】

鴨ロース、抱き

かみしめるたびに鴨らしい風味

むね肉は鮮赤色でやわらかく、厚みがあるため歯ごたえもあります。脂肪が甘く口溶けがよいのが特徴です。脂が気になるときは、焼いて脂を落としたり、一度蒸し上げるなどすると、あっさりとして食べやすくなり、パサ付くことはありません。

DATA

煮　焼

［主な用途］

コンフィ、煮込み、スモーク、治部煮、ロースト、サラダ　など

［調理のポイント］

ローストにする場合は皮面に格子状に切れ目を入れておく。

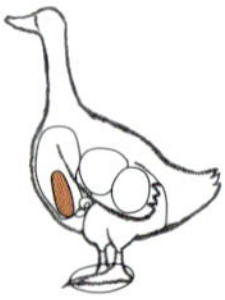

ささみ

【TENDER】

脂肪がなく淡白な味わい

鴨の「ささみ」は、鶏のささみよりやや大きく、色が赤く脂肪がほとんどないので、味はとても淡白です。金沢の郷土料理のひとつ「治部煮」は鴨肉のささみを使って、麩やしいたけ、青菜と一緒にだしで煮る一品。低エネルギーで栄養バランスのよい食材です。

DATA

煮　焼

［主な用途］

マリネ、ボイル、サラダ、治部煮　など

［調理のポイント］

スジはかたいので、あらかじめ取り除く。

手羽元
【DRUM STICK】

かたい部位なので煮込みやスープに

上腕から手羽元を落とした部位です。肉にコクがあり、味のよい部位ですが、歯ごたえがありかたいので、煮込み料理やスープの材料に適しています。フランス料理では「コンフィ」に、イタリア料理では「ラグーソース」に使われます。

DATA

煮 湯

［主な用途］
ブイヨン、煮込み　など

［調理のポイント］
肉として食べるのではなく主にスープ用に用いる。

手羽先
【WING TIP】

身が少ないのでスープに

肉が少なく、食べるところがないのでブイヨンやスープの材料として使用されます。かつおなど魚介系のスープと合わせて「そば汁」として利用すると、鴨肉の上品な脂がおいしいだしになります。ねぎやしょうがなど薬味をきかせるとよいでしょう。

DATA

湯

［主な用途］
ブイヨン

［調理のポイント］
肉として食べるのではなく主にスープ用に用いる。

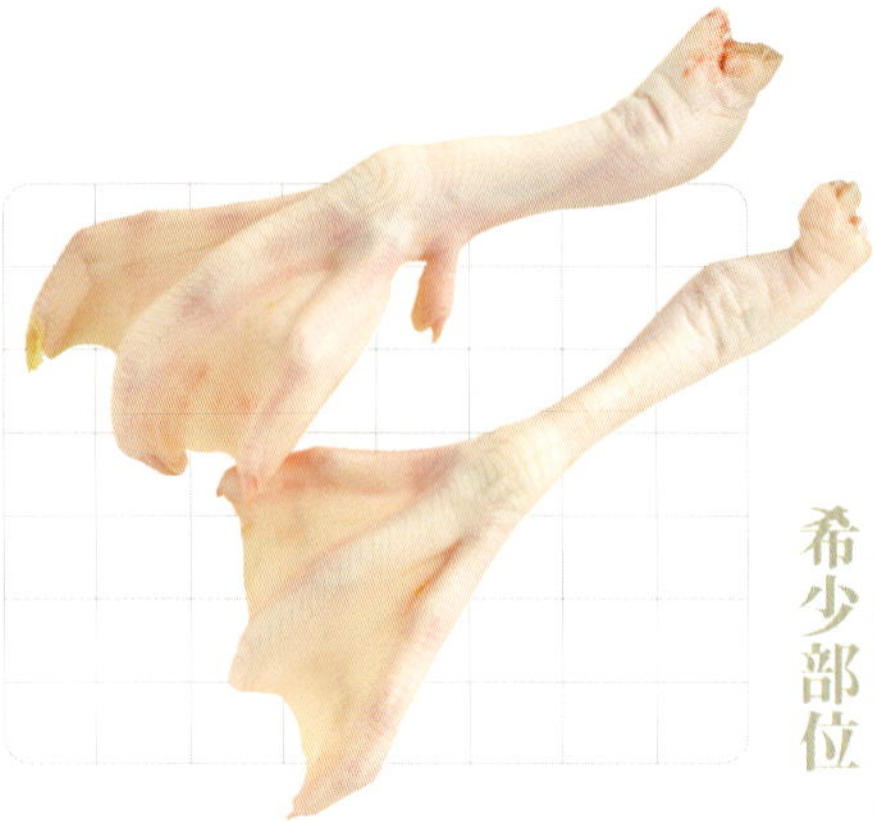

水かき
【FEET】

食感はやわらかい 希少部位

主に中華料理で煮込み料理に使われる水かき。珍しい部位なので、日本ではほとんど市販されていません。「乾燥なまことアヒルの水かき」という献立が有名で、中国では珍重され、食通に「鴨掌（ヤーツアン）」と呼ばれています。

DATA

煮

[主な用途]

煮込み　など

[調理のポイント]

日本ではほとんど見かけないが、購入するときは骨が抜いてあるかを確認すること。

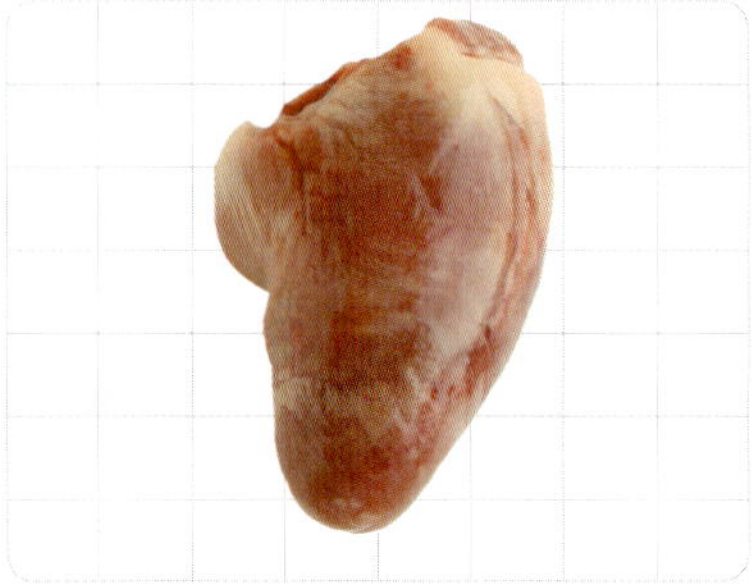

ハツ
【HEART】

歯ごたえがあるので 薄切りにして

鶏のハツよりひと回り大きいサイズの鴨のハツ。下処理は鶏のハツ同様に（101ページ参照）。肉質はかたいので薄くスライスして炒めたり、醤油やみりんでこってりと煮込んでもよいでしょう。特有の歯ごたえと、鴨肉ならではの風味を楽しめます。

DATA

煮　焼

[主な用途]

煮込み、ソテー　など

[調理のポイント]

半分に開いて、流水で血抜きをする。

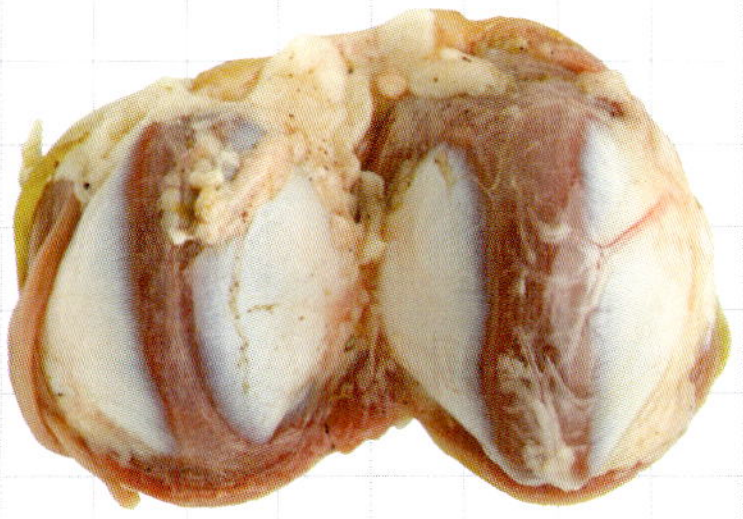

黄色く見える脂部分をきれいに取り除く。

砂肝

【GIZZARD】
ズリ、筋胃

鶏より濃厚でコリコリの食感

フランス料理では「鴨の砂肝のコンフィ」が有名です。日本では、串焼きや炒め物に使われています。鶏の砂肝より大きいサイズで、コリコリとした食感があり、クセがありません。下準備にスジなどを取り除いてから調理しましょう。日本では精肉店などではあまり見かけませんが、冷凍品がネットショップなどで購入できます。

DATA

煮 焼

［主な用途］
コンフィ、ハム、煮込み、前菜、串焼きなど

［調理のポイント］
薄切りにして調理する。塊の状態で下味を付けてもよい。

TOPICS

鴨の砂肝のコンフィ

【材料】
鴨砂肝…500g
オリーブオイル…適量
A　塩…大さじ1
　胡椒…小さじ1
　タイム…2本
　ローズマリー…1本
　ローレル…3枚

【作り方】
① 砂肝はスジなどを取り、Aと一緒にポリ袋に入れて混ぜ合わせ、冷蔵庫に一晩置く。
② ❶の砂肝の水気をよく取り鍋に入れ、かぶるくらいのオリーブオイルを加えて、中火にかける。
③ 砂肝から泡が出てきたら、鍋を混ぜながら、弱火にして低温のまま2～3時間煮る。
④ 砂肝は食べるときに、オリーブオイルから取り出して軽くソテーしてもよい。密閉容器に移したら、冷蔵庫で約2週間保存できる。

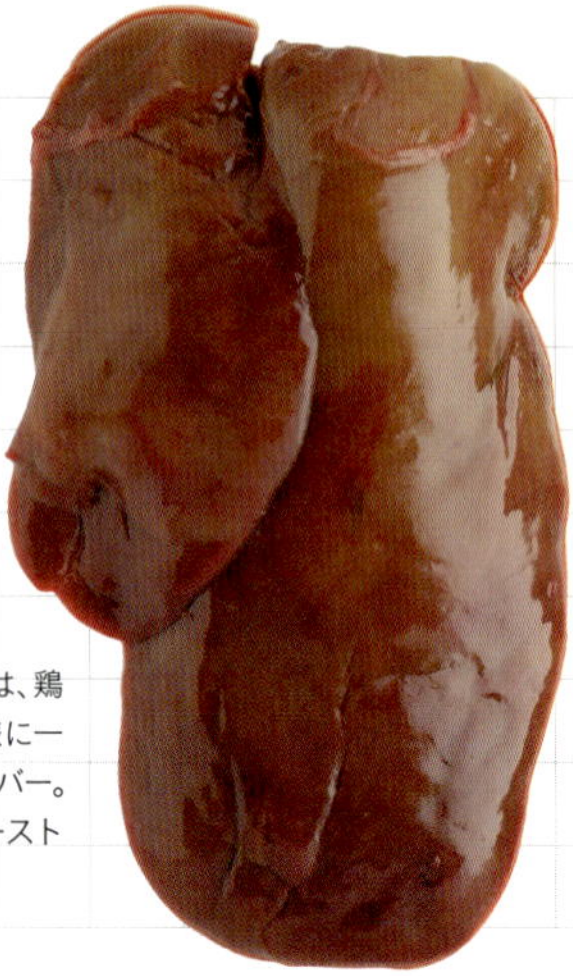

フランスでは、鶏レバー同様に一般的な鴨レバー。パテやペーストに。

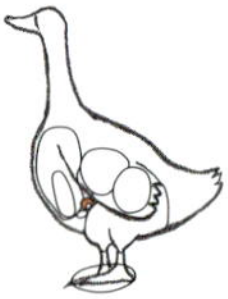

レバー

【LIVER】
赤レバー

色の鮮やかさが鮮度の決め手

なめらかな食感とコクが魅力の鴨のレバーは、「ペースト」や「テリーヌ」に用いられる食材です。鮮度のよいものは、色が鮮やかでくさみも少ないので、流水で血合いなどを流すだけで調理できます。ビタミンA、ビタミンB群、鉄分、葉酸などを多く含むので、貧血の人におすすめです。

DATA

煮 焼

[主な用途]
テリーヌ、パテ、ソテー　など

[調理のポイント]
テリーヌなどは、血合いやスジを抜く下準備を行うとなめらかな食感に。

TOPICS

フランスの特産品「フォアグラ」

フランス語で「フォア」は肝臓、「グラ」は肥大したという意味を持つ「フォアグラ」は、鴨の脂肪肝です。強制的に餌を食べさせて肥大した肝臓は500～900gで正常な肝臓の10倍にもなります。濃厚な味わいは、世界中のファンが愛してやまない世界三大珍味のひとつ。

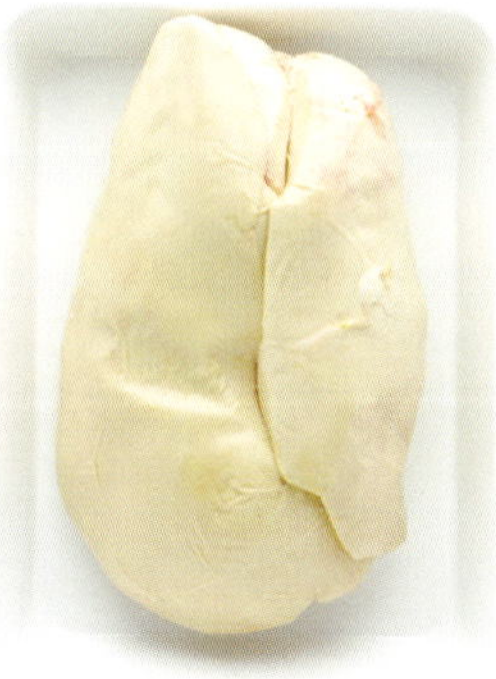

がちょう肉
【GOOSE】

DATA

煮　湯

［主な用途］

ローストダック、スープ　など

こってりとした味わいが魅力

カモ科の家禽。鴨肉に似た少しクセのあるがちょう肉は、炒め物やスープなど調理も幅広く、ドイツを中心としたヨーロッパ圏、中国などで多く利用されています。台湾ではがちょう肉専門店が人気です。日本ではフォアグラを生産する家禽として知られ、がちょうからとるフォアグラは「フォアグラ・ド・オア」と呼ばれます。

鶉《うずら》肉
【QUAIL】

DATA

煮　焼　揚

［主な用途］

唐揚げ、ロースト、グリル、マリネ、コンフィ、煮物、吸物　など

卵だけでなく鶉肉も美味

キジ科の家禽。一般的には卵用として用いられますが、肉もあっさりとしていておいしく、唐揚げや焼き鳥、骨ごと叩いてつくねにしたり、煮物や椀だねなど幅広く利用されています。肉色は紅赤色で、脂質が少なく、ビタミンB_2が豊富。秋から冬にかけて肉が付くので、旬の季節は冬です。

鳩肉
【PIGEON】

DATA

煮　焼

［主な用途］

赤ワイン煮、ソテー　など

ヨーロッパ各国や中国では人気の食肉

キジバトの肉質はやわらかく、鉄分やビタミン類が多く、低脂肪です。日本ではあまり食用にされませんが、ヨーロッパでは食肉用に飼育され、フランス料理などではポピュラーな食肉で、ローストや煮込みに用いられます。フランスのブレス産が品質・肉質がよいとされています。

七面鳥肉
【TURKEY】

DATA

煮　焼

［主な用途］
ロースト、サラダ、コンポート　など

［調理のポイント］
鶏肉の扱いと同様なため、利用しやすい。雌と区別をつけるため雄鶏には黒い胸毛が残されている。

クリスマスのごちそう ローストターキー

北アメリカ原産の食肉用家禽。成熟した七面鳥は、体重10～15kgほどになるものの、4～5kgまで育った雄の若鳥が最もおいしいとされています。肉質はやわらかく、脂質は比較的少なく、クセのない味わいです。冬が近づくにつれて脂がのり、旨味が増します。欧米ではクリスマスや感謝祭の料理に、また、結婚式の料理にも用いられます。

TOPICS

ジビエとは？

「ジビエ（gibier）」とは、「野生の鳥獣」のことです。フランスなど北ヨーロッパで狩猟が解禁される冬場にレストランで提供されるゲームミート（狩猟で得た肉）の料理を「ジビエ料理」と言います。

ジビエ料理の歴史は、欧州の中世王侯貴族たちが、領地内で行われる狩猟で得た鹿や野兎、鳩、きじなどを調理人たちに料理させ、客をもてなしたというもの。野生動物たちの肉がしまり、おいしくなる10～1月がジビエの季節とされ、高級レストランなどでジビエ料理を楽しむことができます。日本でも、冬場に野生の猪や鹿料理などを提供する地方もあります。

COLUMN

日本人が肉を食べはじめたのはいつ？

今や食卓に欠かせない肉料理。
でも、日本人に肉食が浸透したのは、戦後のことです。
そこで、肉と日本人の歴史を少しご紹介しましょう。

江戸時代に高価な「薬」だった牛肉

日本人は、長い間米作りに努力してきました。米作りには、家畜として牛が必要でしたが、欧米人のように牛の肉を食べる習慣はありませんでした。やがて朝鮮よりやってきた渡来人が牛肉を食べる文化を日本に伝え、広く伝わったと言われています。飛鳥時代には、「肉食禁止令（日本書紀）」が出て、毎年農耕期間（４月～９月）、稚魚の保護と５畜（ウシ・ウマ・イヌ・ニホンザル・ニワトリ）の肉食を禁止していたという記載が残っています。戦国時代には、京都などで「ワカ」と呼び、牛肉を食べていました。江戸時代になると、彦根藩で「牛肉味噌漬」を「薬喰い」として作り売っていたといいます。しかし、本格的に牛肉が食べられ始めたのは、明治の文明開化以降です。当時は、「牛鍋（すきやき）」が流行していました。

薩摩藩では「歩く野菜」と呼ばれた豚肉

豚の先祖のイノシシは広くアジアやヨーロッパに棲息し、古くから食用されていました。日本でも弥生時代には、食用が始まっていたと言われています。しかし、仏教伝来以来、表向きは肉食禁止だったため、本格的な養豚は明治の中期以降です。沖縄地方では、古来より中国の影響を強く受けていたため、豚の飼育や、豚肉を食べる文化がありました。１３８５年の「黒豚（アグー）」は有名で、後に琉球から薩摩藩に移入し広まりました。戦国時代には薩摩藩では豚肉を「歩く野菜」と呼んで食べられていました。薩摩藩は、当時では珍しい肉食集団だったと言われています。

鶏肉を手ごろな食肉にした「ブロイラー」

５千年以上前、インドで飼育されていた赤色野鶏がさまざまな形で各国に渡り、世界中に広まったとされています。当時は、鳴き声を時計代わりに、また闘鶏の結果で吉凶を占っていました。

日本には中国や朝鮮から渡来し、平安時代には尾の長い「小国」という鶏が宮廷の闘鶏として愛用されました。江戸時代には野鳥の食用が禁止されましたが明治前後になり、一般的に鶏肉や「軍鶏（しゃも）」などを食べるようになりました。戦後、アメリカ駐留軍の影響から農家が鶏を飼育するようになり、昭和30年代に「ブロイラー」が導入され、本格的な養鶏が始まりました。少ない餌で短期間に大きく育つことから、鶏肉は安価で身近な食肉になり、現在では年間一人当たり約11kgを消費していると言われています。

COLUMN

高齢者にも肉食は大切

「肉よりは魚」「こってりよりはさっぱり味」と言う人も多いでしょう。
しかし、肉の中に含まれる栄養素は、高齢者にも必要なものばかりです。

日本人の平均寿命と肉食

日本人が肉類を充分に食べるようになったのは1970年代以降です。それ以降、日本人の寿命は驚くほど長くなり、体格も急速によくなりました。また、抵抗力も上がったと言われています。もちろん、肉食がすべての要因ではありません。しかし、肉類に含まれる、良質な動物性たんぱく質が影響していると考えられます。

肉類はアミノ酸スコア100

たんぱく質を構成するアミノ酸のうち９種類は、人の体内では合成できないため、食品から摂取しなければなりません。この９種類を「必須アミノ酸」といい、筋肉や血液、骨などを合成するのに必要な栄養素で、どれか１つが欠けても合成することはできません。食品に含まれる「必須アミノ酸」を評価した「アミノ酸スコア100」とは、9種類の必須アミノ酸がすべて100%以上含有されている理想的なアミノ酸組成を持つ食品を指します。代表的な食品は、「鶏肉」「牛肉」「豚肉」など食肉が挙げられます。

また、牛肉の中に含まれる鉄分、豚肉のビタミンB_1も見逃せません。脂肪分の少ない牛のもも肉や豚のヒレ肉を選ぶ、また、鶏肉はあっさりとしているので、ささみやむね肉を蒸し鶏にするなど、部位や調理法を工夫して、毎日の食生活をバランスよく摂りましょう。

肉類の国内生産量の推移

国内生産量（t）	肉類（鯨肉を除く）
1960年（昭和35年）	422,000
1970年（昭和45年）	1,296,000
1980年（昭和55年）	2,985,000
1990年（平成2年）	3,476,000
2000年（平成12年）	2,979,000
2013年（平成25年）	3,281,000

国民一人当たり１年間の肉食量

1人1年当たりの数量（kg）	牛肉	豚肉	鶏肉
1960年（昭和35年）	1.1	1.1	0.8
1970年（昭和45年）	2.1	5.3	3.7
1980年（昭和55年）	3.5	9.6	7.7
1990年（平成2年）	5.5	10.3	9.4
2000年（平成12年）	7.6	10.6	10.2
2013年（平成25年）	6.0	12.0	12.0

日本人の平均寿命

平均寿命（歳）	男性	女性
1950年（昭和25年）	58	61.5
1960年（昭和35年）	65.32	70.19
1970年（昭和45年）	69.31	74.66
1980年（昭和55年）	73.35	78.76
1990年（平成2年）	75.92	81.9
2000年（平成12年）	77.72	84.6
2010年（平成22年）	79.55	86.30

資料：内閣府「平成27年版高齢社会白書」

第5章

挽肉・加工品

DATA

煮 焼 揚 湯

[主な用途]
ハンバーグ、肉団子、ソーセージ、そぼろ、餃子　など
[調理のポイント]
肉だねは粘りができるまでしっかり混ぜる。炒めるときは、ムラなく火を通し、肉から出た脂に濁りがなくなるように。

挽肉

【MINCE】

肉の色むらがなく
濁りのないものを選ぶ

豚挽肉

【PORK MINCE】

ももやそとももなど赤身の多い挽肉は上等。すねやバラ肉などを合わせた挽肉は、コクがあり、牛挽肉よりやわらかい。

牛挽肉

【BEEF MINCE】

かたやすねなど赤身のかたい部位と、バラ肉など脂肪の多いものとを合わせて挽くことが多い。豚挽肉よりは脂肪が少ない。

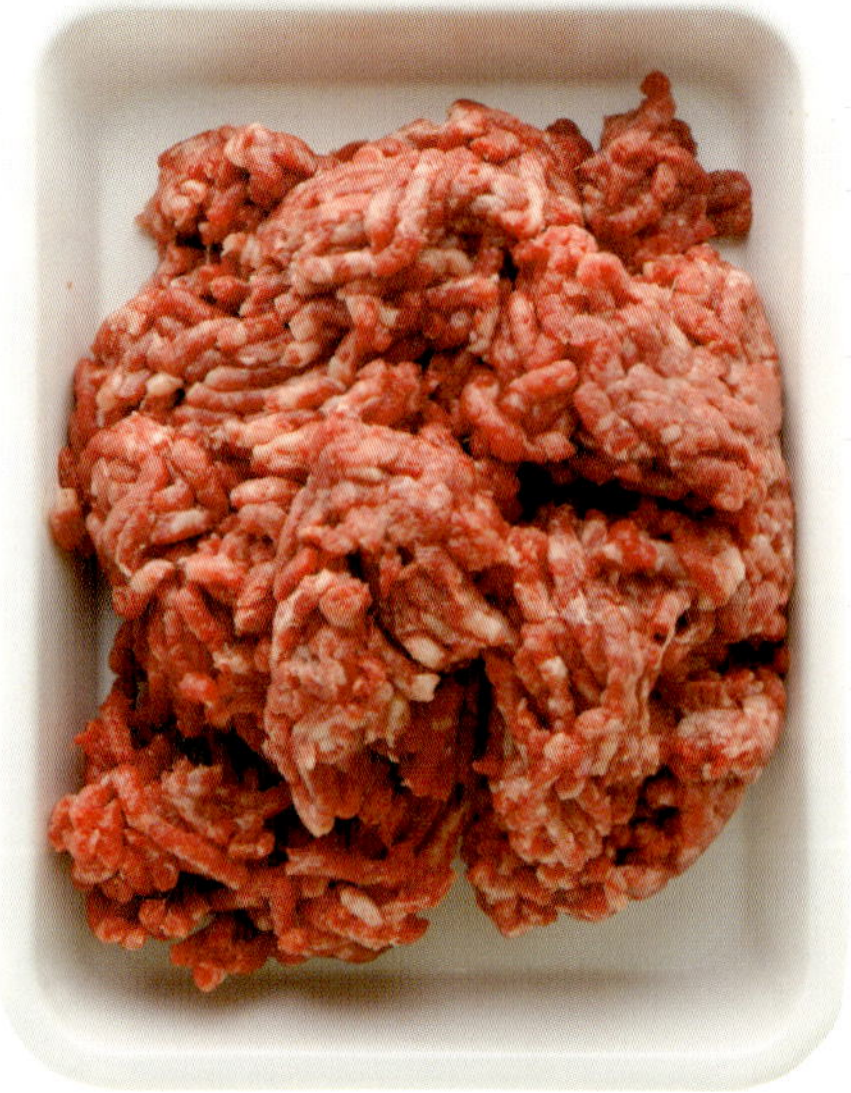

肉のさまざまな部位や切り落としを合わせて挽いた挽肉は、空気に触れる面が多く傷みやすいので、できるだけ挽きたてのものを選びましょう。気をつけたいのは脂の量。店によっては、「赤身率80％以上」などの表示をしているところも。脂が多いと全体的に白っぽく、加熱するとその脂が出て肉が縮みやすいですが、一方、赤身が多過ぎると、肉がしまってパサつきます。また、口当たりを求めるなら二度挽き、コロッケなどには粗挽きなど、料理に合わせて使い分けましょう。

合挽肉

【MIXTURE OF GROUND BEEF AND PORK】

豚肉と牛肉を合わせた挽肉。牛の旨味と豚のコクがお互いを引き立て、料理によって割合を変えるなど使い勝手がよい。

鶏挽肉

【CHIKEN MINCE】

皮を含めたいろいろな部位を合わせた挽肉は脂肪分が多く白っぽい。皮なしやむね肉のみの挽肉は、あっさりしている。

DATA

素 焼 揚

［主な用途］
サラダ、サンドウィッチ、ハムエッグ、ハムカツ　など

ハム

【HAM】

語源は「豚のもも肉」 現在は「加熱ハム」を指す

ボンレスハム
【HAM】

豚のもも肉を使用。サンドウィッチ用に角形に仕上げたもののほか、円筒上に巻き上げた「巻きハム」が一般的。

ロースハム
【LOIN HAM】

豚のロース肉を使用。味は淡白で、塩分が少ないものが多く、やわらかい。日本では最もポピュラー。

豚肉の保存方法としてヨーロッパで開発されたハムは、明治初期に長崎に伝えられ、その後、イギリス人が神奈川の鎌倉でハムの製造、販売をはじめたことで普及、定着するようになりました。豚肉を整形して塩漬けした後燻煙し、さらに加熱処理した製品が日本における主流です。豚肉に、馬肉や兎肉、羊肉を合わせて加工された「プレスハム」は日本独自の製品です。ハムをおいしく食べるには豚の脂肪の融点35～37℃以上にさっと加熱すること。りんごなどの果物との組み合わせも味わい深いでしょう。

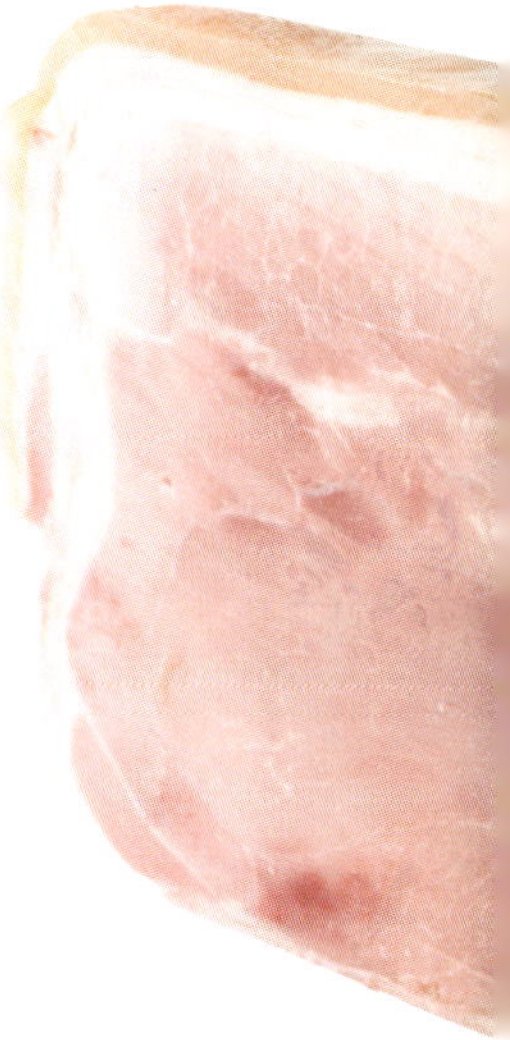

プレスハム
【PRESS HAM】

日本独自の製品で、食塩や香辛料などを加えた練り肉。豚肉を主に、牛肉や羊肉などを用いることもある。

生ハム

【HAM】

世界中で愛される
熟成された肉の旨味

ラックスハム

【LACHSSCHINKEN(独)】

豚のロースやかた、もも肉を使用。「ラックス」はドイツ語で「鮭」のことで、肉色が美しいサーモン色になることによる。

ドライハム

【PROSCIUTTO CRUDO (伊)】

豚のもも肉を燻煙せずに乾燥熟成させた生ハム。イタリア語の「プロシュット」とは「ハム」という意味。

生ハムは一般的に、豚肉の部位を整形後、長期間塩漬けすることで発酵させ、低温で燻煙したハムで、英語では「ラックスハム」と呼ばれます。また、燻煙せずに自然乾燥して熟成させたものを「ドライハム」と言います。じっくりと仕上げることで、やわらかくねっとりとした肉本来の旨味を引き出した生ハムは日本でも人気です。

DATA

素

［主な用途］
サラダ、オードブル、サンドウィッチ　など

TOPICS

世界三大生ハムとは？

世界が認めた美食食材「生ハム」。豚の骨付きもも肉を用いた、イタリア「パルマハム」、スペイン「ハモン・セラーノ」、中国「金華ハム」は、その国独自の伝統的な製法を守り、今に引き継がれています。

パルマハム
【PROSCIUTTO DI PARMA(伊)】

イタリア・パルマ地方で作られる生ハム。原料となる豚の餌にはパルミジャーノ・レッジャーノの乳清を食べさせている。パルマハム協会がすべての品質を管理し、すべての基準をクリアしたもののみに、王冠マークが烙印され、パルマ産生ハムと認められる。

金華ハム
【金華火腿(チンホアフオトェイ)】

中国・浙江省金華地方産のハムの一種。断面が火のように赤いことから「火腿」の名がついた。中国の数ある火腿の中でも最高級品とされ、一般的には生では食べず、料理の素材としての使用が主である。日本には骨抜き後加熱処理したもののみ、輸入が認められている。

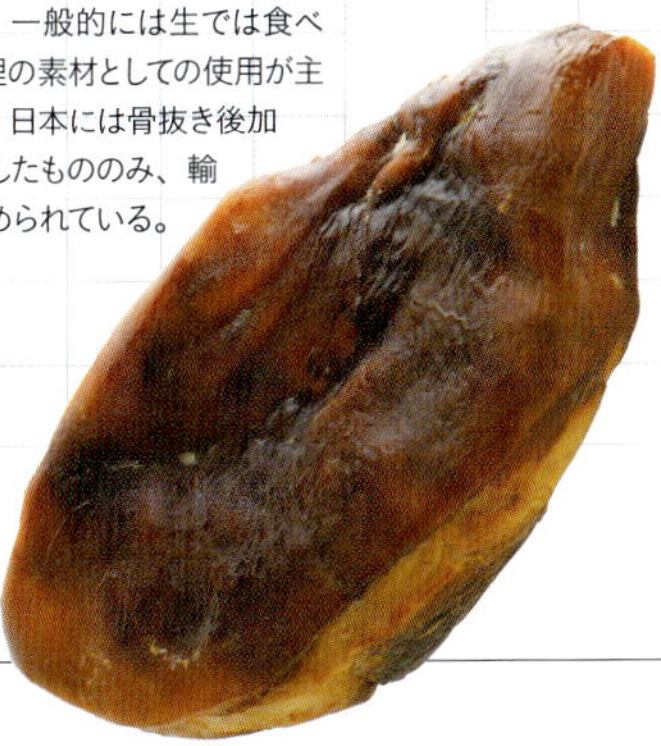

ハモン・セラーノ
【JAMON SERRANO(西)】

スペインで作られる生ハム。スペイン語で「ハモン」はハム、「セラーノ」は「山の」という意味。イベリコ種の黒豚から作られる「ハモンイベリコ」とは原料豚の種類が異なり、白豚の後足からのみ作られる。テルエル産やトレベレス産のものが特に有名。

ベーコン

【BACON】

燻製した脂の香りが香ばしい
塩味を活かした料理に

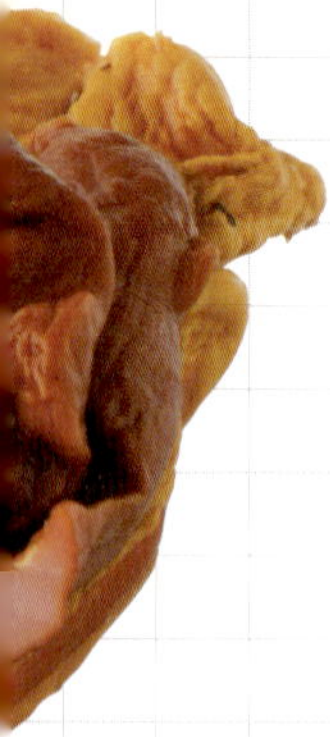

ベーコン

【BACON】

一般的に「ベーコン」と呼ぶ場合、日本では豚のバラ肉を使用したものを言う。赤肉と脂肪が3層になっているものが上質。

ショルダーベーコン

【SHOULDER BACON】

豚のかた肉を使用。脂肪層が薄く、赤肉の部分は塩分が浸透しやすいため塩気が強い。

豚バラ肉を長方形に整形して、塩漬けし燻煙したもので、赤肉と脂肪が3層をなしています。ハムとは異なり、スモーク後に、加熱されることがあります。燻製された脂の風味を楽しむ「ベーコン」は、赤肉が多いと塩味が強く感じます。脂肪は溶けやすくやわらかいため、赤肉に含まれた塩味を活かして炒め物に用いるとよいでしょう。

DATA

焼

[主な用途]

スパゲッティー、ベーコンエッグ、野菜炒め　など

生ベーコン
【FRESH BACON】

一般的なベーコンとは異なり、燻製していないのが特徴。豚のバラ肉を塩漬けしたあと、加熱処理をしている。よく加熱して食べること。

TOPICS

生食できるベーコン

パンチェッタ
【PANCETTA (伊)】

豚のバラ肉に粗塩をすり込んで塩漬けし、熟成と乾燥させたベーコン。一般的なベーコンよりやや酸味が効いているのが特徴。薄切りにして、生ハム同様に生で食することもできる。「カルボナーラ」などイタリア料理には欠かせない。「パンチェッタ」とは、イタリア語で「豚のバラ肉」のこと。燻煙した場合は「パンチェッタ・アッフミカータ」と呼ぶ。

ソーセージ

【SAUSAGE】

家庭的なものから
高級なオードブルまで

ウィンナー
【WIENNER】

羊の腸に牛肉や豚肉を詰めたソーセージ。日本では豚肉を主に魚肉などを混合したり、人工ケーシングを使用することもある。太さは20mm未満。

あらびき
【COARSE-GROUND SAUSAGE】

粗く挽肉にした豚肉を使用。肉本来の旨味と食感を楽しめるソーセージ。歯ごたえがあり、人気がある。

腸詰
【CHINESE SAUSAGE】

粗めの豚肉に、塩や花椒などで味付けして、豚の腸に詰めて自然乾燥させた中国産のソーセージ。そのまま食べたり、炒飯や炒め物に加えて食べる。甘味がある。

生肉、または塩漬けした肉を挽肉にして、脂肪や香辛料、調味料を加えて腸詰めにした保存食品です。製造法はハム同様、燻煙後に加熱処理をします。挽肉だけでなく、内臓や血液を用いる場合もあり、ケーシングには、牛や豚、羊のほか、コラーゲンを素材にした可食性のもの、非可食性のセルロースを用いたものなどがあります。

DATA

素 焼 茹

［主な用途］
ホットドック、ピザ、スープ　など

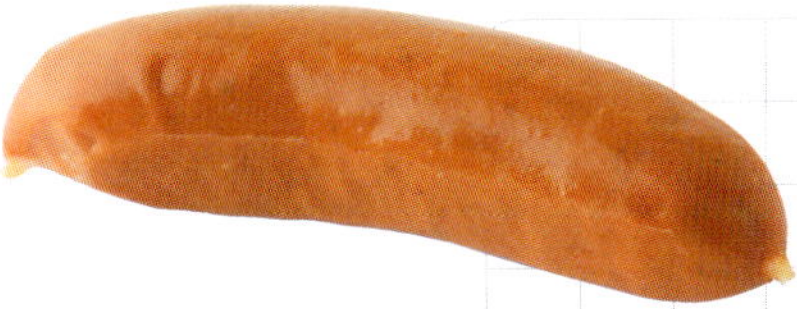

チョリソ
【CHORIZO(西)】

スペイン発祥の豚肉のソーセージ。細かく刻んだ豚肉ににんにくやパプリカなどの香辛料を加えて腸に詰めて干す。日本では「辛い」イメージだが、スペインでは辛味の少ないものが一般的。

無塩漬ソーセージ

一定期間塩漬けをするだけで「発色剤(肉の美しい色を保ち、食中毒菌を抑制する)」を用いていないソーセージの総称。パセリやバジル、レモンなど香りの強い食材を加えることが多い。

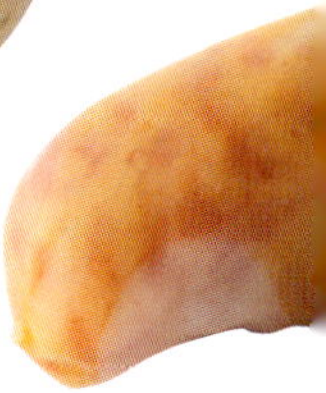

生ソーセージ
【SALSICCIA(伊)】

「サルシッチャ」は、ソーセージの意味。一般的にソーセージは、燻煙・加熱処理されるが、生ソーセージは豚肉を生のままケーシングしているのが特徴。

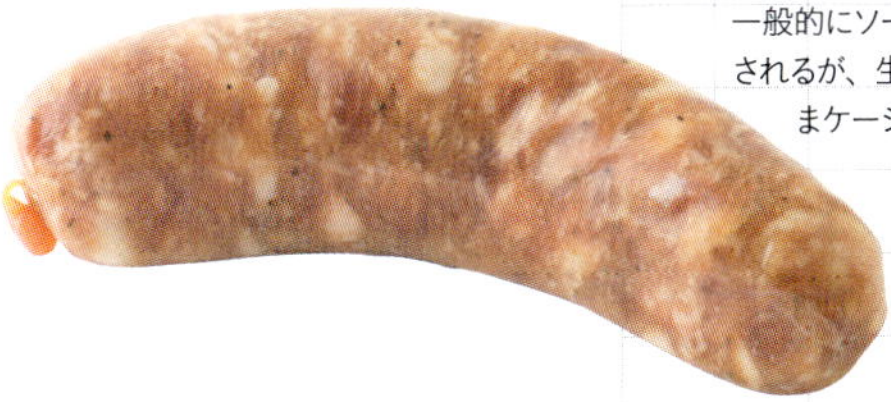

TOPICS

イタリア・ボローニャ地方の伝統的なソーセージ

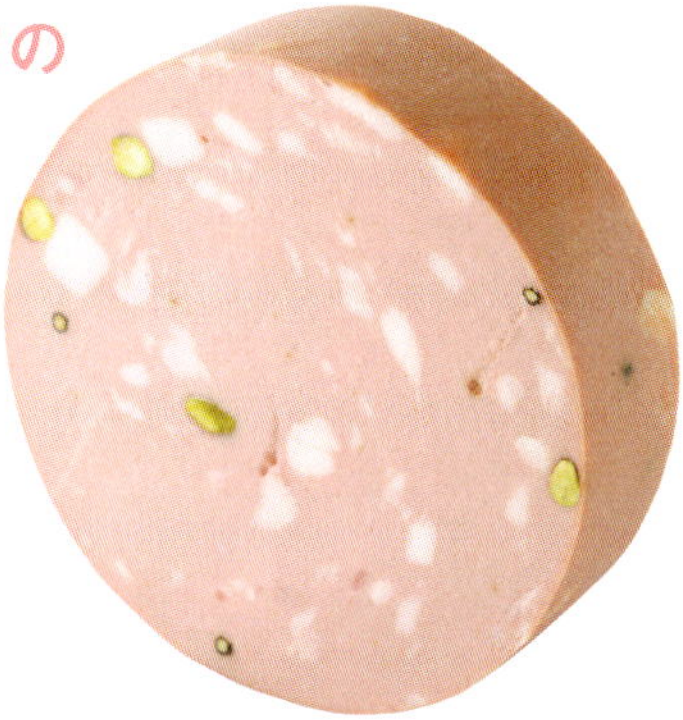

モルタデッラ
【MORTADELLA】

イタリア・ボローニャの名産品。豚肉を細挽きにして塩や砂糖、にんにく、胡椒、ピスタチオなどで調味し、生地に豚脂の角切りを加えてケーシングに詰める。大きさは、直径15cmほどから30cmほどのものまである。「モルタデッラ」の語源は材料をすりつぶす鉢(モルタイオ)に由来するとか。当時は、ボローニャの僧院で作られた内臓のソーセージだった。

サラミ

【SALAME】

イタリア発祥の保存ができるソーセージ

長期保存を目的として、塩漬けした後、低温乾燥、熟成して仕上げたソーセージのことで、「ドライソーセージ」の一種で、加熱処理をしていません。豚肉、牛肉の挽肉に、さまざまなハーブやスパイスを混ぜ合わせます。イタリアはにんにく、スペインはパプリカを用いるなど、地域ごとの特徴があります。

フェリーノ

【SALAME FELINO (伊)】

イタリア最高峰のサラミ。厳選された豚肉を天然の豚の腸に詰め、熟成させた。やわらかさと甘口で繊細な味わいが特色。エミリア・ロマーナ州フェリーノ由来のサラミ。

ミラノ

【SALAME MILANO(伊)】

北イタリアを代表するサラミ。豚肉、豚脂が原料で、牛の腸に詰めて50～120日間乾燥熟成させる。マイルドな風味。

DATA

素

［主な用途］

オードブル、サラダ、パスタ　など

スピアナータ・ロマーナ
【SALAME SPIANATA ROMANA（伊）】

「スピアナータ」は「平らな」という意味。豚肉、角切りの豚脂が原料で、牛の腸に詰め、扁平な容器に入れてプレスしながら乾燥させるローマ地方由来のサラミ。

イベリコチョリソー
【CHORIZO IBERICO（西）】

イベリコ豚を原料にパプリカを混ぜ込んだサラミ。常温に戻し、脂が溶け出すぐらいで食べると、イベリコの肉と脂、パプリカの風味が絶妙な味わいを醸し出す。

TOPICS

馬蹄型のイタリアサラミ

サルシッチャ・ピカンテ
【SALSICCIA PICCANTE（伊）】

「ピカンテ」とは「香辛料がきいている」という意味。日本のチョリソーの辛さとは異なり、スパイスの香りが印象的なサラミ。そのまま切って食べるか、豆と一緒に煮込む料理として食べるのが一般的。もちろん、茹でたり焼いて食べてもおいしい。

チャーシュー

【ROASTED PORK】

ラーメンや炒飯の具材に欠かせない

煮豚

日本では、調味液で煮込む煮豚をチャーシューと言う場合がある。調味液に烏龍茶や紅茶などを用いることも。

焼豚

甘味の強い調味液をかけて、吊して焼くのが広東風チャーシュー。タレに漬け込んで焼き上げてもよい。

主に豚の肩やバラ肉を用い、太い棒状にしてネットに詰めて整形したり、たこ糸でしばったりして、醤油、酒、はちみつなどを混合した調味液に漬け込みます。焼豚はオーブンなどで焼き、煮豚は調味液で煮込んで作ります。本来は、さすまた（叉）などに刺して炙り焼いたものを「叉焼（チャーシュー）」と呼んでいたそうです。

DATA

素

［主な用途］

麺類、オードブル、おせち料理　など

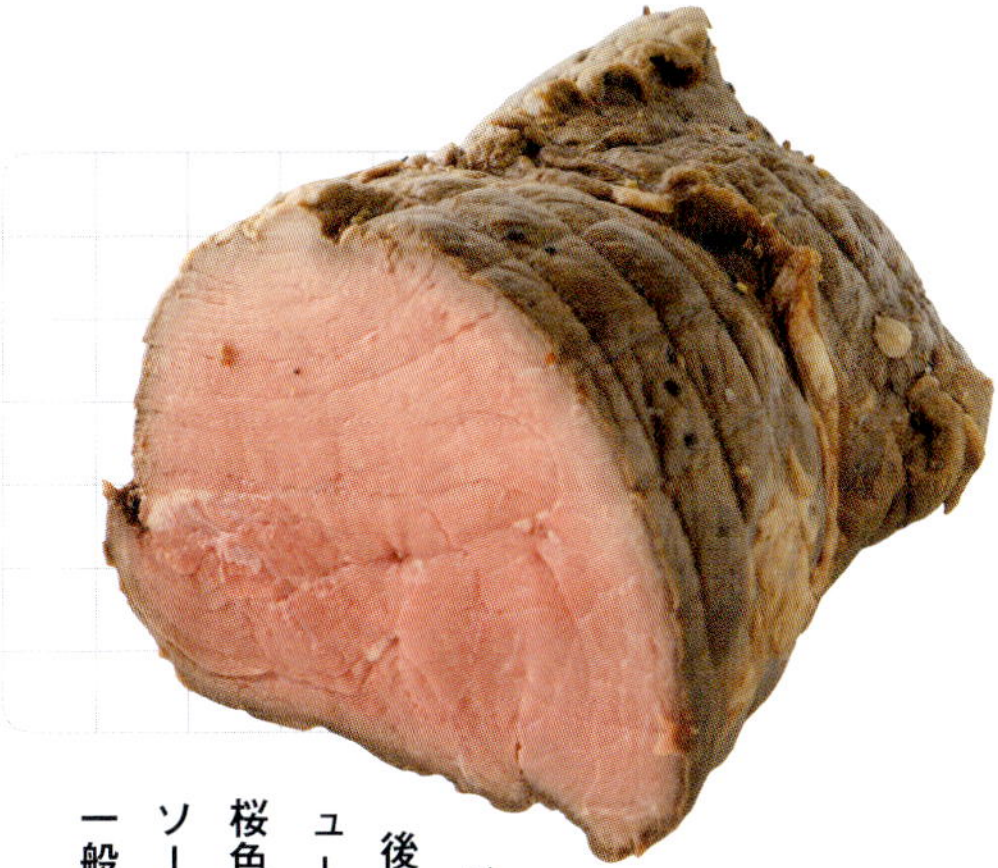

ローストビーフ
【ROAST BEEF】

桜色が美しい
イギリスの伝統料理

牛肉の塊をオーブンなどで蒸し焼きにし、スライスして食します。イギリスでは日曜日の午後に食べる伝統的なメニューです。生肉感のある桜色が美しく、グレイビーソースをかけて食べるのが一般的。

DATA

素

［主な用途］
オードブル　など

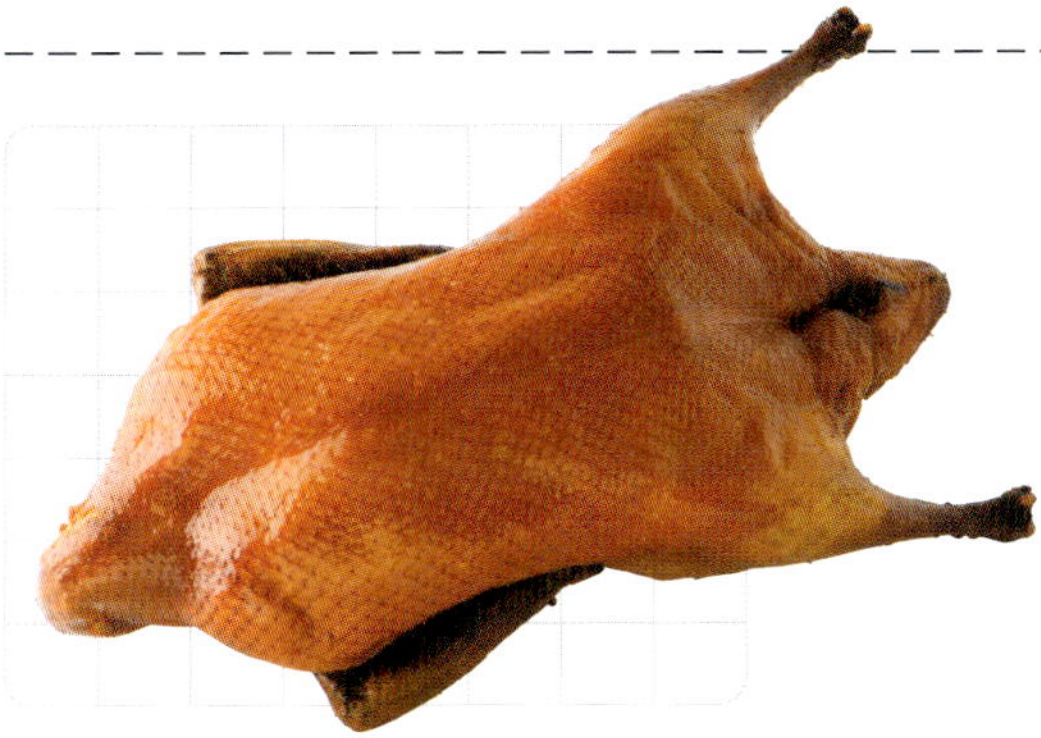

北京ダック
【PEKING DUCK】
ローストダック

中国北京の
代表料理のひとつ

丸ごとオーブンで焼く「北京ダック」。日本ではパリパリに焼いた皮を削ぎ切りにして、小麦粉でできた「薄餅」に包んで味噌ダレをつけて食べるのが一般的です。中国では肉や副生物もスープや炒め物などに利用します。

DATA

素

［主な用途］
オードブル　など

ジャーキー

【JERKY】

保存食におつまみに
再注目な乾燥肉

ビーフジャーキー

【BEEF JERKY】

適度な塩味でおつまみに人気。南米では、スープに入れてだしにするなど、幅広く用いられている。

ポークジャーキー

【PORK JERKY】

豚のもも肉やかた肉を使用。ビーフジャーキー同様の製法だが、豚肉独特の脂の旨さが際立つ。

「ジャーキー」とは肉を干した保存食品です。主に牛肉のももやうでの赤身部分を用いますが、近年は、豚肉や鶏の「ささみ」などでも作られています。その起源は、アメリカ原住民とされ、あくまでも保存目的と言われています。日本でもジャーキーの一種として、鮭を干した「とば」や鯨を干した食品などもあります。

DATA

素

［主な用途］

オードブル、おつまみ、保存食　など

缶詰

【CANNED FOOD】

キッチンにあると
便利な保存食品

ランチョンミート

【LUNCHEON MEAT】

「ランチョン」とは、昼食や軽食の意味。豚肉に、牛肉や羊肉などを合わせて、塩漬剤、香辛料などを混ぜ合わせて練り、缶詰にしたもの。沖縄では「ポーク缶」と呼ばれることも。

コンビーフ

【CORNED BEEF】

味付けした牛肉を煮てほぐし、牛の脂肪と調味料やスパイスと合わせて缶詰にしたもの。本来は、塩漬けした牛肉という意味。馬肉の商品もある。

燻製や乾燥だけなく、さらに長期保存できる食肉加工品が缶詰です。戦争の際の軍用食糧として注目され、「コンビーフ」や「ランチョンミート」のほか、日本独自の缶詰として、牛肉の大和煮や焼き鳥の缶詰なども出回りました。現在は、保存食としてはもちろん、おつまみや惣菜のひとつとして利用されています。

DATA

焼　炒

［主な用途］
炒め物、保存食　など

COLUMN

自家製かんたんスモーク

自宅で楽しむスモークなら、ソテーした肉を軽くスモークする温燻はいかが？
鶏もも肉や牛サーロイン、鴨ロースなどのほか、厚切りのハムやソーセージでもおいしく作れます。
スモーカーがなくても、スモークチップがなくても、
フライパン、砂糖と茶葉でできるので、いろいろと試してみてください。

鶏肉

「もも肉」で作る スモークチキン

【材料】
皮付きもも肉、A（塩、胡椒、ハーブ＆スパイス）

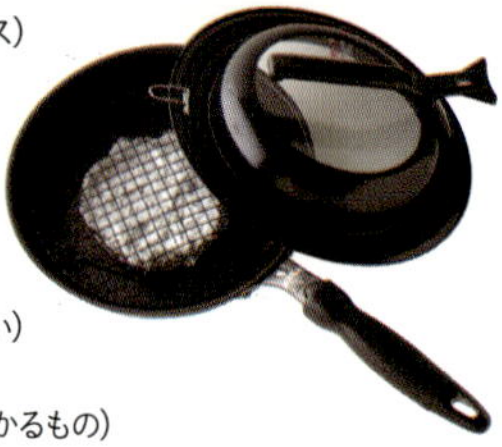

ザラメ

紅茶

【用意するもの】
砂糖（今回はザラメ）
茶葉（今回は紅茶）
フライパン（深型のもの、中華鍋でも可）
フタまたはボール（煙が回るように半球型がよい）
アルミホイル
アミ（フライパンの底から2〜3cm上に引っかかるもの）

【手順】
①もも肉にAをふって下味を付け、冷蔵庫で1時間置いておく。

②❶を軽くソテーする。
③アルミホイルで皿を作り、砂糖と茶葉を大さじ1：2くらいで入れ、フライパンに載せる。その上にアミを置き、❷を載せてフタをする。

④強火で加熱し、匂いが立ち、煙が回り出したら、火を弱める。
⑤香ばしく色付いてきたら、火を消してでき上がり。

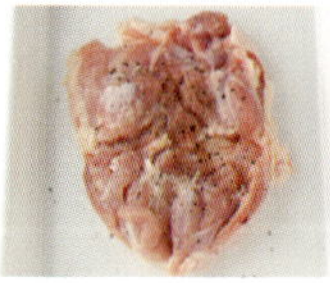

第6章

日本の肉事情

飼育

私たちが日々食べている「食肉」は、どのように作られているのでしょう。家畜の肉質は、飼料や環境、飼育期間により異なります。安定的に供給するためには生産者の努力があります。

牛の飼育

牛を育てる農家には、雌牛に種付けをして子牛を産ませる「繁殖農家」と、牛の体重を増加させ目指す肉質に育てる「肥育農家」があります。その両方を担うのが「一貫農家」です。

牛のライフサイクル

「繁殖牛」の雌は、生後15～16か月で交配し、妊娠期間は約２８５日。交配は９割以上が人工授精です。牛は、１回の出産で１頭。生まれた子牛は、母牛に５～７か月間育てられ、離乳します。雄は、生後２～３か月で去勢し、約30か月かけて、約６９０kgまで肥育されます。雌は主に「繁殖牛」として育てられたのち繁殖能力が落ちたら「肥育牛」として出荷、雄は「肥育牛」として育てられ、出荷されています。

牛の飼料

牛に与えるエサは、脂肪の少ない赤身肉や霜降り肉など、肉質の傾向を決める大事な要素です。主に、牧草や乾草などを与える「粗飼料」、トウモロコシや大豆、小麦など穀類を与える「濃厚飼料」、また飼料原料を飼育の目的に合わせてブレンドした「配合飼料」があります。穀類よりも栄養価が低く食物繊維の多い「粗飼料」での飼育では、脂肪の少ない赤身肉の傾向が強くなります。一方、「濃厚飼料」で育てると、肉に脂肪が付きやすく、霜降り肉になりやすいため、日本ではこちらが主流です。

豚の飼育

近年、環境問題や後継者難などから「養豚農家」は減少傾向です。一方、飼育頭数も多く、「繁殖」から「肥育」までを行うなど、経営の大規模化が行われていると言われています。

豚のライフサイクルと飼料

豚は「繁殖豚」と肉豚として育てられる「肥育豚」に分けられています。「繁殖豚」の雌は、生後約８か月で種付けされ、妊娠期間は約１１４日。交配は自然交配と人工授精があります。「肥育豚」の雄は、生後まもなく去勢され、６～７か月で１００～１２０kgにまで肥育され、出荷されます。繁殖能力が落ちた雌は、加工食品の原料になります。

豚はなんでも食べる雑食ですが、現在日本では、麦やトウモロコシ、大豆など輸入原料をブレンドした「配合飼料」が主流です。しかし、近年肉質の差別化を図るため、地元の特産品を飼料に加える工夫が行われています。

鶏の飼育

「肉用鶏」の90%が「ブロイラー」と呼ばれる「若鳥」です。養鶏場の鶏舎では、生産効率を上げるため、仕切りをせずに飼う「平飼い」が主流です。

鶏のライフサイクルと飼料

鶏の飼育期間はおよそ50日。重量2.5～３kgで出荷されます。温度や換気、照明など徹底管理された環境で育てるため、エサや水も画一的に管理されています。エサは様々な穀物や動物性の原料を混ぜ合わせた「配合飼料」が一般的です。

流通と安全性

牛や豚、鶏はどのように「食肉」に加工され、私たち消費者の元へ届くのでしょう。
また、おいしくて安全な肉を生産するために、どんな工夫があるのでしょう。
消費者の安全性への関心は高まるばかりです。

牛肉・豚肉の流通

牛・豚の流通とは

かつては、家畜は「生体」での取引が一般的でした。現在は、消費や需要の拡大から、合理的な「枝肉取引」が主流（図１参照）です。牛は、肉専用種が６割、乳用種が４割。北海道が最も多く、次いで鹿児島、宮崎、熊本、岩手、栃木などが多く生産しています。豚は、鹿児島が最も多く、宮崎、茨城、群馬、千葉の順で生産量が多くなっています。一方、「副生物」は、保存性が低いので地域ごとの流通が主流です。（農林水産省「畜産統計」平成20年２月１日現在）

家畜の健康と食肉の衛生・安全管理

家畜の健康状態や衛生管理の調査は、各都道府県の家畜保険衛生所が行っています。予防や蔓延の防止対策はもちろん、家畜に与える飼料の添加物の使用基準を定めています。

と畜場や食肉センターに運ばれた家畜は、生体検査、解体前検査、精密検査などを受け、異常が見つかると廃棄処分になります。また、安全な食肉の提供のために、施設や設備の管理、作業員の衛生も徹底して行われています。

小売店・スーパーでは、保健所の指導が行われています。食品の表示は、食品衛生法やＪＡＳ法などによって定められています。

図１：牛肉・豚肉の流通の流れ

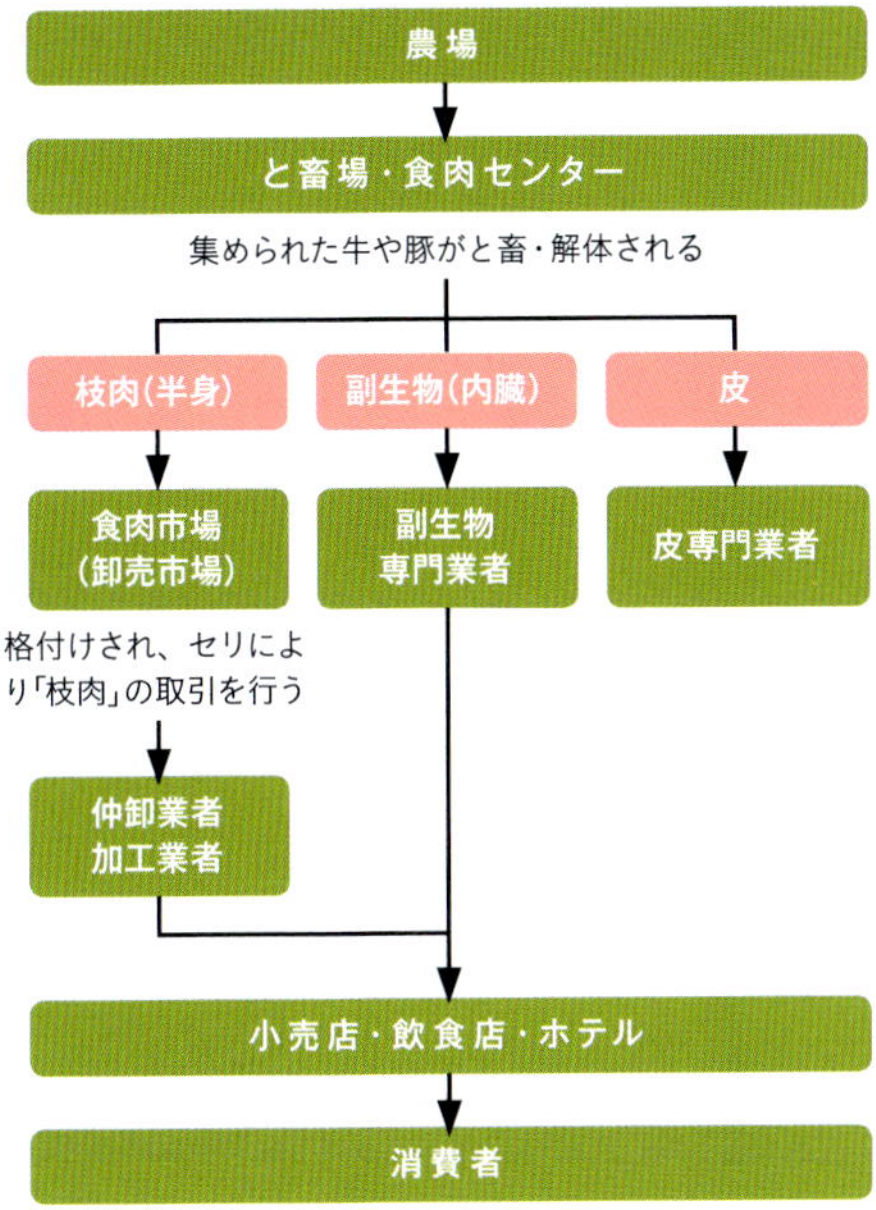

輸入食肉の流通 ——
牛肉は減少、豚肉は増加傾向

輸入食肉は、輸入商社を通じて輸入されることが一般的です。「チルド」「フローズン」で輸入され、多くは部分肉の状態です。たとえば、「チルドビーフ」は、輸送中に熟成が進むので、輸入されたときに、食べごろな状態に調整されています。一方、「フローズンビーフ」は、長期の保存を前提に熟成前に冷凍するので解凍後に熟成を必要とします。また、一部「エージングビーフ」と呼ばれる冷凍肉は熟成させたのち冷凍したものです。

輸入の牛肉は、アメリカの「ＢＳＥ」の影響で減少傾向にありますが、オーストラリア、ニュージーランド、メキシコなどからが多いです。一方、輸入の豚肉は、年々増加していて、デンマーク、アメリカ、カナダなどから入ってきます。

「ＢＳＥ問題」と
「牛肉のトレーサビリティ」

「ＢＳＥ（牛海綿状脳症）」とは、「狂牛病」とも呼ばれ、イギリスではじめて特定された、脳がスポンジ状になって神経が麻痺し、死亡することもある牛の病気です。感染した牛の「特定危険部位」を食べることで、人間にも感染する可能性があります。特定危険部位は国によって違いがありますが、日本では、脊髄、背根神経節を含む脊柱、舌と頬肉を除く頭部、回腸遠位部が特定危険部位に指定されています。

日本ではこの「ＢＳＥ問題」を受け、牛肉への信頼回復のため、２００４年12月以降「牛肉のトレーサビリティ」を導入する法律が施行されました。「トレーサビリティ」とは、物品の流通経路を生産から消費段階、あるいは廃棄段階まですべて記録しておく仕組みです。

現在、日本では、牛肉に関して国内で生まれた牛、輸入されて長く国内で飼育された牛の肉（国産牛肉）は、牛の出生からと畜場（食肉処理場）での処理、牛肉の加工、小売店の店頭に並ぶまで一連の履歴を10ケタの「個体識別番号」で管理し、取引のデータを記録しています。生まれてすぐ牛の耳に付ける「耳標」には、「個体識別番号」が記され、そののち小売店の店頭では牛肉パックのラベルやプライスカードにこの「個体識別番号」が表示されています。私たち消費者は、購入した牛肉の個体識別番号を「家畜改良センター」のホームページに入力することで、すべてのデータを確かめることができます。

鶏肉の流通

鶏の流通とは

１９６０年代までは、加工業者は生産者から生きたまま鶏を買うのが一般的でした。「ブロイラー」の登場により、解体品の取引が主流となります（図２参照）。鶏は、牛や豚と異なり、肉も内臓も同じルートで流通します。

解体から店頭まで約１日 鮮度が命の鶏肉の流通

現在、流通している鶏肉のおよそ90%はブロイラーだと言われています。農場で育てられたブロイラーは、食鳥処理場で解体・加工され出荷され

TOPICS

流通している肉は安心して食べてよい

近年、日本国内でも牛や豚の「口蹄疫」や鶏の「鳥インフルエンザ」などが発生して社会問題になりました。これらの病気は、「家畜伝染予防法」により法定伝染病として処理されています。発生した場合は、国や地方の行政機関によって、農場の隔離、家畜を殺処分して埋却するなど、蔓延防止措置がとられ、感染した牛や豚、鶏の食肉は市場には出回りません。店頭で販売されている肉は安全です。

ると、専用の冷蔵コンテナやトラックで運送されます。配送中の鶏肉は冷蔵システムによって、マイナス２℃から０℃をキープし、そのままスーパーや飲食店、卸売業者を通して、小売店や飲食店に配送されています。

鶏肉の流通は、処理場で加工されてから小売店の店頭までがおよそ1日と短く、熟成が必要な豚肉や牛肉と異なります。鶏肉は処理後72時間以内に食べるのがよいとされているので、素早い流通が不可欠なのです。

図２：鶏肉の流通の流れ

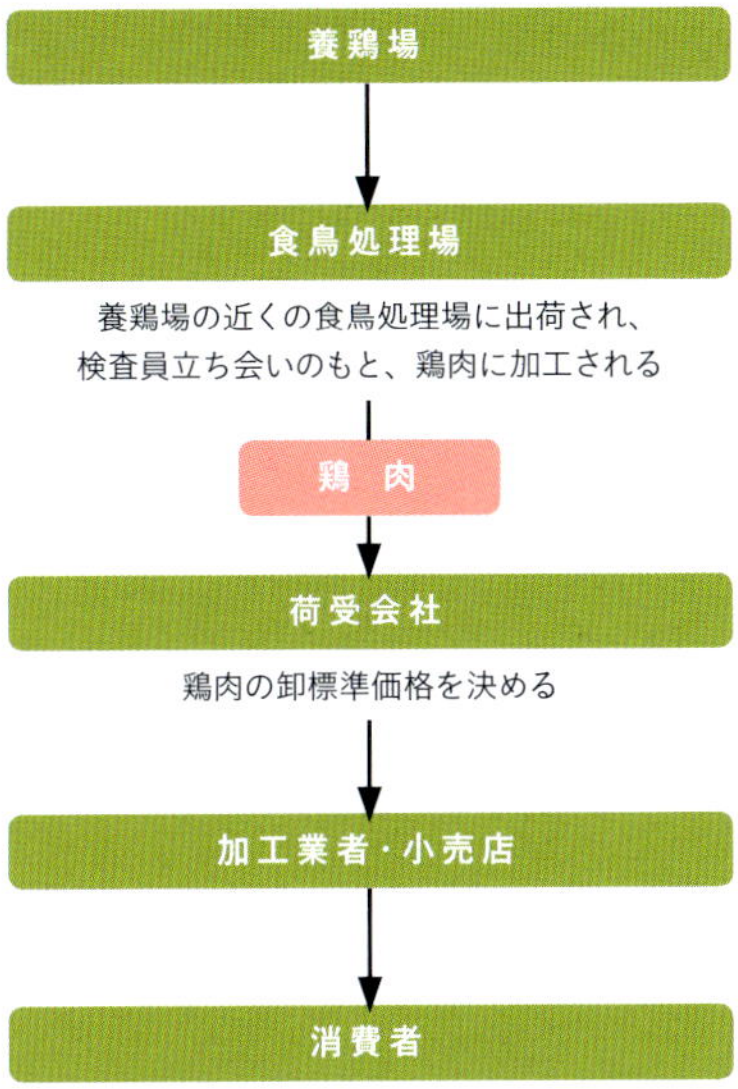

一方、輸入の鶏肉は、ブラジル、アメリカが主な産地です。国内消費のおよそ4割が輸入鶏肉ですが、２００４年「鳥インフルエンザ」が発生して以降は減少傾向にあります。

「鳥インフルエンザ」問題

「鳥インフルエンザ」とは、A型インフルエンザウイルスが鳥類に感染して起きる鳥類の感染症です。家禽類の鶏、鶉、七面鳥などに感染すると非常に高い病原性をもたらすタイプが「高病原性鳥インフルエンザ」と呼ばれ、現在、世界的に養鶏産業の脅威となっています。１９９７年、香港で人に感染し死亡者が出たため、大きな問題になりました。

日本では２００４年以降、国内各所で「鳥インフルエンザ」の感染が発見され、周辺農家の家禽を殺処分したのち焼却するという手段がとられました。農林水産省では、陽性反応が出た農場からは、家禽の出荷・移動の自粛を要請します。また、家禽卵、家禽肉を食べることによって人に感染することは世界的にも報道されていないとし、安心安全に努めています。

用語説明

あ

赤身肉　脂肪を取り除いた骨なしの肉。赤身だけの肉のこと。

アキレス　アキレス腱。

アミ脂　豚の大腸と小腸の間にある内臓を包む白い網状の脂肪。

ウェルダム　ステーキの焼き方の呼び方（21ページ参照）。

SPF豚　【Specific Pathogen Free Pig】とは、あらかじめ指定された病原体を持っていないという意味。一定の飼育基準をクリアした豚。

枝肉《えだにく》　家畜の、頭部・内臓や四肢の先端を取り除いた部分の骨付きの肉。普通脊柱に沿って、左右に分けるため、半身になる。

か

家禽《かきん》　肉、卵、羽毛などを利用するために飼育する鳥の総称。または野生の鳥を人間の生活に役立てるために品種改良を施し飼育しているもの。鶏、鶉、七面鳥、アヒル、がちょうなど。

格付け　牛と豚の枝肉について社団法人日本食肉格付協会が「牛枝肉取引規格」及び「豚枝肉取引規格」に基づいて等級を付けること。

かしら　頬とこめかみの肉（頭部の肉）。

ガツ　豚の胃。

かぶり　牛の背中にある背最長筋のこと。一般的に牛のリブロースに付くが、背肉やバラ肉、ももにもある。ロース芯の上側にあり、スジや脂などで分かれている部分。牛肉、豚肉、羊肉にも見られる。

カルビ　一般的に牛の肩バラやともバラのこと。

ギアラ　牛の第4胃（41ページ参照）。

キンカン　採卵鶏の卵巣。

燻製《くんせい》　香りのよい桜などの木材を高温に熱したときに出る煙を食材に当てて風味付けをすると同時に、煙に含まれる殺菌・防腐成分を食材に浸透させる食品加工の技法。スモーク。

ケーシング　ソーセージの表皮部分。主に動物の腸を用いるほか、人工（コラーゲン、プラスチック、セルロース製）のものもある。

国産牛　品種に関係なく、生産からと畜までの間で、一番長く日本で飼育されている牛の総称。

個体識別番号　トレーサビリティ制度内で利用される。生まれてすぐの牛の耳に付けられ、牛肉のパックのラベルやプライスカードにまで記される10ケタの番号。

コブクロ　豚の子宮。

さ

サガリ　横隔膜の腰椎に近い部位。

サシ　筋肉細胞に沈着する脂肪のこと。また、霜降りになっている状態。

三元豚《さんげんとん》　3品種の豚の交配によって生まれた豚の名称。ブランド豚の銘柄名。

三枚肉《さんまいにく》　一般的には豚のバラ肉のこと。牛のともバラを指すこともある。

色沢《しきたく》　色つやのこと。牛肉の格付けのときにも、「肉の色沢」「脂肪の色沢と質」が基準のひとつとなる。

地鶏《じどり》　在来種である「比内鶏」や「薩摩鶏」等との交配種。

脂肪交雑《しぼうこうざつ》　脂肪が筋肉の間に細かく入っている肉のこと。霜降り肉、サシ。

霜降り肉　脂肪が筋肉の間に細かく網の目のようになった肉のこと。

シャトーブリアン　シャトーブリアンステーキのこと。牛のヒレ肉の中で中央部の最も太い部分を使ったステーキ。19世紀初頭のフランスの政治家フランソワ＝ルネ・ド・シャトーブリアンが料理人に命じて作らせたことからこう呼ばれる。

スジ　肉と肉の間にある筋。

砂肝《すなぎも》　鶏の胃の筋肉。

スペアリブ　骨付きのバラ肉のこと（65ペー

ジ参照）。

世界3大生ハム　イタリア産の「パルマハム」、スペイン産の「ハモン・セラーノ」、中国産の「金華ハム」のこと。

センマイ　牛の第3胃（40ページ参照）。

た

タン　舌。

血抜き　レバーやハツなど、内臓の中にある血の塊を取り除き、くさみを減少させる下処理。水や塩水、流水、冷水、氷水、牛乳などを使う。

チルド　凍結寸前の温度まで冷却して保存すること。低温での冷蔵。

Tボーン・ステーキ　骨付きサーロインで、内側のヒレを含めて同時にカットしたもの。断面の骨がT字型をしている。

テール　尾。

と畜場　牛や豚、馬などの家畜をと殺して解体し、食肉に加工する施設。地方自治体の職員である「と畜検査員」による生体検査が行われている。

鳥インフルエンザ　A型インフルエンザウイルスが鳥類に感染して起きる感染症。家禽類の鶏、鶉、七面鳥が感染すると「高病原性鳥インフルエンザ」と呼ばれる。発生が確認されると周辺農家の家禽を殺処分するなどの手段が取られる。

ドリップ　肉汁のこと。一般的に冷凍した肉を解凍すると出やすい。肉汁が多く出ると、おいしさや栄養素が失われる原因になる。

トレーサビリティ　牛の出生からと畜場、牛肉の加工、小売りの店頭に並ぶまで、一連の履歴を10ケタの「個体識別番号」で管理して取引データを記録する仕組み。

な

生食《なましょく》　加熱調理することの多い食材を非加熱の状態（生）で食べること。

は

ハチノス　牛の第2胃（39ページ参照）。

ハツ　心臓。

ハラミ　横隔膜。

BSE問題　2000年代初頭にイギリスで特定された「牛海綿状脳症」または、「狂牛病」の発生により、牛のみならず人間にも感染する可能性があるとして、特定危険部位を輸入しない、食べないよう指定された。このことにより、日本でも牛肉の輸入制限のほか、一般消費者の肉離れが置き、畜産、食肉産業や外食産業などに大きな打撃を与えた。

ブイヨン　イタリア料理やフランス料理において用いられるだしのうち、主としてポタージュやスープの基本素材となるもの。

副生物《ふくせいぶつ》　畜産副生物のこと。牛や豚、鶏など家畜の内臓を指す。

ブロイラー　肉用に改良された若鶏のこと

フローズン　急速冷凍して保存すること。

フワ　豚の肺。

ホルモン　内臓のこと。副生物、モツとも言う。

ま

マトン　永久歯が1本以上生えている羊のこと。永久歯は生後12か月で生えると言われている。

マメ　腎臓。

ミディアム　ステーキの焼き方の呼び方（21ページ参照）。

ミノ　牛の第1胃（38ページ参照）。

無菌豚《むきんぶた》　【Grrm Ftee Pig】と呼ばれる豚のこと。特殊な環境で育てられたもので、SPF豚とは異なる。

銘柄牛《めいがらぎゅう》　各地の生産者や出荷団体がほかの牛肉と差別化するために名付けた国産牛。ブランド牛。豚の場合「銘柄豚」、鶏の場合「銘柄鶏」。

モツ　内臓のこと。副生物、ホルモンとも言う。

や

四元豚《よんげんとん》　4品種の豚の交配によって生まれた豚の名称。ブランド豚の銘柄名。

ら

ラム　一般的に永久歯が生えていない仔羊。

リード・ヴォー　仔牛の胸腺肉のこと。

レア　ステーキの焼き方の呼び方（21ページ参照）。

レバー　肝臓。

わ

和牛　日本の在来牛と外国産の牛を交配して改良された日本固有の肉用種。

焼肉・焼き鳥インデックス

※地方や店によって呼び方は異なることもあります。

【参考文献】

『料理材料大図鑑 マルシェ』
大阪あべの辻調理師専門学校、エコール・リキュエール東京・国立編／講談社／1995年

『食材図典Ⅱ 加工食材編』
成瀬宇平監修／小学館／2001年

『豚枝肉の分割とカッティング』
畑田勝司監修／食肉通信社／2002年

『新版 食材図典 生鮮食材篇』
成瀬宇平・武田正倫・ほか監修／小学館／2003年

『旬の食材 別巻 肉・卵図鑑』
講談社編／講談社／2005年

『別冊NHKきょうの料理 徹底！ マスター 豚肉・牛肉・鶏肉』
日本放送出版協会／2007年

『肉で食育する本―スーパーマーケットだからできる』
毛見信秀著／商業界／2008年

『焼肉手帳』
東京書籍出版編集部編／東京書籍／2009年

『食肉の知識』
社団法人日本食肉協議会／2009年

『牛部分肉からのカッティングと商品化』
食肉通信社編／得丸哲士監修／食肉通信社／2010年

『お肉の表示ハンドブック 2010』
全国食肉公正取引協議会／2010年

『八訂 食品成分表2021』
香川明夫監修／女子栄養大学出版部／2021年

『毎日役立つ からだにやさしい 薬膳・漢方の食材帳』
薬日本堂監修／実業之日本社／2010年

『別冊専門料理 プロのための牛肉＆豚肉 料理百科』
柴田書店／2011年

【ホームページ】

財団法人日本食肉消費総合センター　http://www.jmi.or.jp/

監修協力　株式会社 **藤屋**

喜久川政也（食肉指導、お肉博士）

鈴木泰至（調理指導）

宮武憲行　戸塚尚之　榎本洋一

総合加工食品メーカー。ホテル・レストランに対して、北京ダックやチャーシューなど業務用加工食品の開発・製造・販売をはじめ、お節料理や調味料といった一般消費者向けOEM商品を提案。「提供する食から提案する食へ」をモットーに、新しい食材の提案や「食」の情報発信により、社会貢献を目指す。

www.fujiya-inc.co.jp

デザイン　小島正継（graff）

栄養指導　田中由美（管理栄養士、kairos主宰）

撮影　HALU

執筆協力　伊嶋まどか

編集制作　アトリエ ハル：G

知《し》っておいしい 肉《にく》事《じ》典《てん》

2011年　9月13日　初版第 1 刷発行
2021年　10月26日　初版第10刷発行

編　者　実《じつ》業《ぎょう》之《の》日《に》本《ほん》社《しゃ》
発行者　岩野裕一
発行所　株式会社実業之日本社
〒107-0062　東京都港区南青山5-4-30
CoSTUME NATIONAL Aoyama Complex 2F
電話（編集）03-6809-0452
（販売）03-6809-0495
https://www.j-n.co.jp/
印刷・製本　大日本印刷株式会社
© Fujiya Co.Ltd.,atelier HALU:G,Jitsugyo no Nihon Sha,Ltd.2011 Printed in Japan
ISBN978-4-408-45337-8（趣味・実用）
本書の一部あるいは全部を無断で複写・複製（コピー、スキャン、デジタル化等）・転載することは、法律で定められた場合を除き、禁じられています。
また、購入者以外の第三者による本書のいかなる電子複製も一切認められておりません。
落丁・乱丁（ページ順序の間違いや抜け落ち）の場合は、ご面倒でも購入された書店名を明記して、小社販売部あてにお送りください。
送料小社負担でお取り替えいたします。
ただし、古書店等で購入したものについてはお取り替えできません。
定価はカバーに表示してあります。
小社のプライバシー・ポリシー（個人情報の取り扱い）は上記ホームページをご覧ください。